中国城市规划学会乡村规划与建设学术委员会
苏州科技大学乡村规划建设研究与人才培养协同创新中心　学术成果

U0249897

特色田园乡村创建

——2016树山乡村发展与规划国际论坛综述
暨第二届长三角高校乡村规划教学方案竞赛成果集

苏州科技大学
江苏省苏州市高新区通安镇人民政府　｜主编

中国建筑工业出版社

图书在版编目（CIP）数据

特色田园乡村创建：2016树山乡村发展与规划国际论坛综述暨第二届长三角高校乡村规划教学方案竞赛成果集／苏州科技大学，江苏省苏州市高新区通安镇人民政府主编．—北京：中国建筑工业出版社，2018.1
  ISBN 978-7-112-21670-3

Ⅰ．①特…　Ⅱ．①苏…②江…　Ⅲ．①乡村规划–苏州–文集　Ⅳ．① TU982.295.3–53

中国版本图书馆CIP数据核字（2017）第311839号

责任编辑：杨　虹　周　觅
责任校对：李美娜

特色田园乡村创建

——2016树山乡村发展与规划国际论坛综述暨第二届长三角高校乡村规
划教学方案竞赛成果集
苏州科技大学　江苏省苏州市高新区通安镇人民政府　主编
中国城市规划学会乡村规划与建设学术委员会
苏州科技大学乡村规划建设研究与人才培养协同创新中心　　学术成果
*
中国建筑工业出版社出版、发行（北京海淀三里河路9号）
各地新华书店、建筑书店经销
北 京 嘉 泰 利 德 公 司 制 版
北京方嘉彩色印刷有限责任公司印刷
*
开本：880×1230毫米　1/16　印张：8½　字数：257千字
2018年1月第一版　2018年1月第一次印刷
定价：**85.00**元
ISBN 978-7-112-21670-3
　　　　　（31542）

编委会

主编：杨新海　张尚武　栾　峰　范凌云
　　　卢　潮　彭　锐　潘　斌

编委（拼音首字母排序）：
　　　范凌云　卢　潮　栾　峰　潘　斌
　　　彭　锐　王雨村　杨新海　张尚武
　　　郑　皓

图文编辑：
　　　芮　勇　马晓婷

序　言

　　树山是全国农业旅游示范点、国家级生态村，树山梨花景观也入选"中国美丽田园"，在这里"望得见山、看得见水、也记得住乡愁"。然而，在我国快速城市化的过程中，并不是每个乡村都这么幸运，乡村的价值未被充分认知与正视，往往成为城市规模扩张的空间资源和农业生产地。但乡村的意义不仅限于此，其多元价值有待进一步发现。城市与乡村是人们不同生活方式的平等选项，应相互依存且价值共享。鉴于此，苏州科技大学在树山村举行"乡村发展与规划国际论坛"，聚焦乡村对于当代中国城乡发展的意义与价值，以"价值重现·城乡共享"为主题，探讨共享的方式与路径，实现城乡共同繁荣。这是苏科大城乡规划学科作为江苏省优势学科和品牌专业的一项重要学术活动，更是树山村从国家级村庄走向国际化的起点，相信通过与会专家学者的分享，定会留下丰硕的成果，共同促进城乡发展和繁荣！

　　为深入贯彻中央关于城乡建设和"三农"工作的决策部署，认真落实习近平总书记系列重要讲话精神和治国理政新理念、新思想、新战略，着力提升社会主义新农村建设水平，不断夯实"富强美高"新江苏和"两聚一高"新实践的基础，2017年6月底，江苏省委、省政府印发《江苏省特色田园乡村建设试点方案》，正式启动省域层面的特色田园乡村建设。目前，树山村也正在有序、有效、有力地开展特色田园乡村创建工作。

　　第二届长三角地区高校乡村规划教学方案竞赛的举办，旨在继续推进乡村规划教学交流和研究，积极扩大社会影响，吸引更多高校以及社会各界关心和支持乡村规划教育，投入乡村规划和建设事业。同时也为树山村五星级乡村旅游区创建工作的开展及运行提供真实思路和操作方案，为特色田园乡村创建工作注入更多高校和社会团体的新生力量。此次大赛圆满成功，有幸邀请了主要来自长三角地区的同济大学、上海大学、浙江工业大学、安徽建筑大学和苏州科技大学，以及来自西部地区的西安建筑科技大学共6所高校。长三角地区各高校由教师带队，以城乡规划专业的本科生为主体组建了12支队伍，结合暑期实践开展现场调研并分别编制和提交规划方案。为了强调规划方案竞赛的共同研究性和全面探讨性，竞赛主办方邀请了政产学研多方面的专家共同组成评审专家组，评选优秀作品。衷心感谢参与评审的各位专家教授：同济大学张尚武教授、苏州科技大学王雨村副教授、江苏省城镇与乡村规划设计院赵毅副院长、苏州高新区规划局刘文斌副局长、苏州新灏农业旅游发展有限公司陆炼副总经理。

　　"山含图画意，水洒管弦音。江南秀丽处，寻梦到树山"。通安镇树山村是一个粉墙黛瓦、小桥流水的典型江南水乡村落，被誉为姑苏城内的世外桃源。6所高校学子历时近4个月在通安镇用心调研与规划，拿出12份优秀方案，另外还有3份交流方案。为了更好地促进交流，现将15份方案汇编成册出版发行，希望能为从事乡村规划建设的工作者、致力于创建特色田园乡村的领导和设计人员、对乡村规划专业知识感兴趣的学生提供参考，并引发社会各界对乡村规划与建设事业的关注。

目录 | Contents

第二部分：第二届长三角地区高校乡村规划教学方案竞赛

2016年树山乡村发展与规划国际论坛综述

　　2016年6月3日，乡村发展与规划国际论坛在苏州高新区树山村举行。论坛由苏州科技大学主办，上海伴城伴乡城乡互动发展促进中心、江苏省城镇与乡村规划研究院、苏州高新区城乡发展局、苏州高新区通安镇人民政府协办，苏州科技大学乡村规划建设研究与人才培养协同创新中心承办。论坛以"价值重现·城乡共享"为主题，聚焦乡村对于当代中国城乡发展的意义与价值，探讨共享的方式与路径，实现城乡共同繁荣。

　　论坛邀请到的报告嘉宾有：世界著名城市规划理论家、美国旧金山州立大学Richard T.Legates教授，同济大学建筑与城市规划学院赵民教授，江苏特聘教授、美国北卡罗莱纳大学林中杰教授，中国城市规划学会乡村规划与建设学术委员会主任、同济大学建筑与城市规划学院张尚武教授，韩国乡村旅游协会主席、韩国江原国立大学申孝重（Hio-Jung Shin）教授，住房和城乡建设部村镇建设司乡村规划研究中心主任、北京建筑大学建筑与城市规划学院丁奇教授，江苏省乡村规划建设研究会理事、南京大学建筑与城市规划学院周凌教授，江苏省城镇与乡村规划研究院院长、江苏省乡村规划建设研究会常务理事梅耀林先生，"乡伴"乡村文旅创办人、东方园林东联设计集团首席设计师朱胜萱先生，台湾新故乡文教基金会创始人廖嘉展先生，台湾水牛建筑事务所主持建筑师陈永兴先生，曼嘉（中国）首席设计师、浙江省建筑科学设计研究院总建筑师陈安华先生，苏州科技大学建筑与城市规划学院范凌云教授，江苏省城市规划设计研究院规划总监、江苏省城市规划学会常务理事相秉军教授。

论坛得到光明日报、中国日报（China Daily）、中国青年报、新华日报、中国社科报、苏州日报、姑苏晚报、苏州广播电视台以及城市规划学刊、国匠城、携程网、名城苏州、今日头条、苏州规划等媒体的高度关注和跟踪报道。

论坛开幕式由苏州科技大学时任副校长杨新海教授主持，时任校党委书记江涌致辞，苏州工业园区党工委副书记、管委会主任周旭东先生发表了热情洋溢的讲话，周旭东、江涌等领导和嘉宾共同为论坛点亮了启动球。

国际论坛开幕之际，由苏州科技大学建筑与城市规划学院联合上海伴城伴乡城乡互动发展促进中心、江苏省城镇与乡村规划研究院、苏州高新区城乡发展局在树山村共建的"乡村规划建设研究与人才培养协同创新中心"同步揭幕。协同创新中心将本着"产学政研，协同创新；培养人才，服务地方"的宗旨，建立"在乡村、在现场、在一线"的乡村规划建设教学平台，协同开展乡村规划建设运营全程的科学研究和技术服务，建设苏州第一个"乡村规划建设智库"，努力实现乡村规划建设"人才培养机制"和"协同研究模式"的两大突破。

开幕式后，苏州科技大学时任副校长杨新海教授主持了论坛的主旨报告。下午举行了以"乡村发展与乡村规划"和"乡村建设与产业运营"为主题的两个分论坛以及乡村规划教育的圆桌会议。

Richard T. Legates 教授（美国）的主旨报告《Rural planning and development：a comparative perspective》以比较视角分析了国内外乡村规划与发展的实践。

赵民教授的主旨报告《论城乡关系的历史演进及苏州城乡一体化实践》回顾了城乡关系演进的理论和历史经验，分析了苏州城乡一体化实践的成功经验与局限性。

林中杰教授（美国）的主旨报告《百年交织：西方规划中城乡关系理论演变》给我们带来了西方城乡规划中城乡关系理论的演变过程和最新趋势。

分论坛一"乡村发展与规划"由同济大学赵民教授主持，5位专家学者分别做了精彩的报告，随后在自由交流环节与台下听众进行了热烈的讨论。

张尚武教授的报告《乡村规划：实践模式与展望》系统梳理了全国乡村规划的不同实践模式，展望了乡村规划的发展趋势。

申孝重（Hio-Jung Shin）教授（韩国）的报告《Multiple Functional Values of Rural Areas and Rural Development Policy》介绍了韩国新农村运动的经验，阐述了乡村地区的多样功能价值和乡村发展政策。

丁奇教授的报告《整合性乡村规划的探索与实践》介绍了我国村庄分布的基本情况、编制情况、存在问题和规划探索。

廖嘉展先生（中国台湾）的报告《我们的青蛙蝴蝶梦——从桃米青蛙村到埔里蝴蝶镇的社群经济营造》从微观角度具体阐述了从"一个鬼都不愿来"的地方到充满生机活力可爱社群的营造方法。

范凌云教授的报告《利益主体视角下苏南乡村居住空间重构与优化策略研究》简明扼要地介绍了研究的背景、视角及地域等，着重从不同利益主体的视角分析了乡村居住空间重构的特征及优化策略。

　　分论坛二"乡村建设与运营"由江苏省城市规划学会常务理事相秉军教授主持，来自一线的5位专家学者分别做了精彩的报告，并随后在自由交流环节与台下听众进行了热烈互动。

　　朱胜萱先生的报告《新模式下的"乡建"》提出了"农业＋文旅＋居住"的乡建模式，探讨了如何在美丽乡村提升农业生产、植入休闲旅游产业、建设幸福人居。

　　梅耀林先生的报告《美丽乡村再认识》提出了未来乡村的四个模式：新人新村新田、旧人旧村新田、新人旧村新田、旧人新村旧田。

周凌教授的报告《设计影响乡村》分析了江苏省长江沿岸村落发展形态，提出了由"整风貌"到"升内涵"的乡村建设要点。

陈永兴教授（中国台湾）的报告《传统风土意匠在热带台湾的新生》，以嘉南平原及金门地区为例，主要讲述了台湾传统素材与意匠的发现。

陈安华先生的报告《城乡等值理念下的乡村实践与思考》。从传统乡村的变迁入手讨论了乡村的价值，反思了城乡关系与乡村规划的转变。

　　主旨报告和分论坛报告的嘉宾既有来自国外规划领域的权威专家学者，又有来自国内标杆院校乡村规划教育工作者；既有一直研究乡村发展与规划的专家学者，又有来自一线的乡村规划设计者和管理者。各位嘉宾带来了多场高水平的学术讲座，深入探讨了乡村规划、建设、管理与运营等焦点和热点问题，共同追寻乡村发展和振兴的思路。论坛最后形成了高层次的学术成果，为中国乡村发展与规划提供了先进的国内外经验，对中国城乡共同繁荣具有重要的借鉴意义。

　　"乡村规划圆桌会议"暨第二届长三角地区高等院校乡村规划联合教学暨方案竞赛活动准备会议由中国城市规划学会乡村规划与建设学术委员会和小城镇规划学术委员会共同支持，由海内外14所高校发起，同济大学、南京大学、浙江大学、东南大学、上海大学、苏州大学、安徽建筑大学、浙江工业大学、苏州科技大学的教师代表与会。

　　本次会议由中国城市规划学会乡村规划与建设学术委员会秘书长、同济大学建筑与城市规划学院院长助理栾峰副教授，以及苏州科技大学建筑与城市规划学院副院长郑皓副教授共同主持。中国城市规划学会乡村规划与建设学术委员会主

任委员、同济大学建筑与城市规划学院副院长、上海同济城市规划设计研究院副院长张尚武教授出席会议并代表支持方致辞。

与会高校代表相互交流了各校的乡村规划教学组织与安排，探讨了乡村规划教学的方式和方法，并对今年选定的村庄——树山村的基本情况进行了初步了解。对于联合教学和竞赛的选题方式、今年教学及竞赛的组织方式、时间安排和成果形式等内容进行了研讨并初步达成共识，为后续全面推进该项联合教学暨竞赛活动奠定了良好基础。

与会高校代表一致认为，积极在高等院校加强乡村规划的教学工作，是加快培养乡村规划高级专业技术人才，满足国家新型城镇化和美丽乡村战略发展需要的重要基础性工作，同时也是结合高等院校特色积极参与地方实践和推进相关科研工作的重要方式。与会高校代表认为，在首届长三角地区乡村规划教学暨方案竞赛基础上，应继续探索并逐步形成相对稳定的教学组织安排，并在此基础上逐步在全国扩大影响，积极吸引更多高校和地方以多种方式参与该项教学及学术研讨活动，为持续推进高等院校在乡村规划教学、科研和实践中的作用，发挥积极作用。

2016 年树山乡村发展与规划国际论坛思考

　　城市与乡村是人们不同生活方式的平等选项，应彼此相互依存且价值共享。论坛通过多场高水平的学术讲座，深入探讨了乡村规划、建设、管理与运营等焦点和热点问题，共同追寻乡村发展和繁荣的思路。国内外乡村规划学者、乡村建设精英、规划管理干部、规划设计企业设计师、高校师生等近四百人出席了本次论坛，聚焦乡村对于当代中国城乡发展的意义与价值，探讨城乡共享的方式与路径。论坛的举办地树山村，即是苏州科技大学建筑与城市规划学院主导的以振兴乡村为宗旨的乡村规划建设"政产学研"合作的新样本，其为实现城乡共同繁荣的愿景提供了实践性参考。

　　（1）想出了"金点子"，还要追踪落地实施

　　"乡村规划建设研究与人才培养协同创新中心"相当于树山村规划建设的"总指挥部"，办公地点就在村内，共建的四方利用各自资源和优势，全方位为树山乡村发展和规划建设服务。时任苏州科技大学副校长杨新海教授介绍了帮助树山的经过。

　　苏州科技大学自 2012 年起先后承担了树山温泉片区的旅游详细规划、树山村乡村规划、大阳山片区的保护与发展规划等一系列规划，作为树山村的"总规划师"，还对树山旅游规划、农民自建房建筑设计、花溪和大石山路景观提升、温泉进农家工程等多项规划建设项目进行了直接评审或指导。"乡村的规划、管理水平相对薄弱，高校作为'智库'，想出了'金点子'还要帮助其落地实施。"为此，去年，苏科大主导的"乡村规划建设研究与人才培养协同创新中心"尝试运行，为了让树山村的规划全部实施到位，中心专门组建了一支团队，大到发展战略，小到垃圾收集点的选址，提供全程"追踪式"的服务。

　　资本和人才，是乡村规划实施的两大难题。为此，苏州科技大学凭借自身资源内引外联，今年树山梨花节上，树山村与田园东方投资有限公司签约"乡伴树山"

项目，对方将从树山田园、精品民宿、乡创学院、网络平台及总部基地以及树山文化品牌等 5 个方面出发对树山进行全新的打造，目前精品民宿已在建设中。而由苏州科技大学教师彭锐负责的树山乡村文化复兴计划，则依托苏州科技大学海模实验室，通过三维扫描数字修复残损的树山古石像年兽，并以其为原型开发"树山守"系列乡村文创产品，当天论坛首次亮相就引起广泛关注。

（2）服务地方的同时，创新了人才培养机制

除了协同研究、服务地方，创新协同中心对高校"人才培养机制"也是一种创新突破。苏州科技大学在树山村建立了"在乡村、在现场、在一线"的乡村规划建设教学平台，希望以"真题真做"的形式培养"爱乡村、重现场、能一线"的乡村规划建设专业人才。2016 年 3 月，海峡两岸城乡规划专业联合毕业设计以树山村为课题，其优秀设计作品正在多地进行展示。2016 年 9 月，西安和长三角地区 6 所高校的城乡规划专业学生，也在树山进行乡村规划联合教学。潜移默化中，树山村的知名度和影响力得到了进一步提升。

凭借自身拥有的国家级特色专业优势，联手行业一流平台资源，为地方量身打造服务平台，苏州科技大学建筑与城市规划学院还有一个城市样本在平江路。2015 年 5 月，学院联合上海阮仪三城市遗产保护基金会协同同济大学国家历史文化名城研究中心、苏州国家历史文化名城保护区市容市政和历史街区景区管理局共建"城乡遗产保护研究与人才培养协同创新中心"，共同探索遗产保护从"精英保护"走向"全民守护"的新模式。

两个协同创新中心，一个在城，一个在乡，运行模式因地制宜，管理理念则一脉相承，最终体现的就是城乡共同繁荣的美好愿景。

（3）"智库"靠的是强大的学科专业支撑

高校为地方服务输出智慧，归根到底，要有强大的学科专业支撑。苏州科技大学城乡规划学科是该校传统优势学科，前身是苏州城建环保学院城市规划专业，于 1985 年学校成立时首届招收本科学生，迄今已有 30 多年历史。2003 年，城市规划与设计专业获得硕士学位授予权并于 2004 年开始招生。2008 年，城市规划专业获批国家级特色专业建设点，成为全国首批获得国家级特色专业建设点的三个城市规划专业之一。2015 年，城乡规划专业获批 A 类"江苏高校品牌专业建设工程一期项目"，是江苏省唯一的城乡规划专业 A 类品牌。

城乡规划学科借助优越的区位优势和丰厚的文化积淀，坚持"扎根于苏南地域历史文化、交融于长三角自然社会环境、服务于发达地区快速城镇化"的学科建设目标，以城乡规划设计与理论、区域发展与规划、城乡生态规划与可持续发展、小城镇与乡村规划、城乡历史文化遗产保护等方向为研究重点，取得丰硕的研究成果。近 5 年，该学科获得国家自然科学基金项目 11 项、省部级项目 30 余项；获得包括华夏建设科技奖、江苏省优秀工程设计奖在内的各类奖项 19 项；出版学术专著及教材 14 部、在专业权威期刊发表高水平学术论文 200 余篇。在社会服务层面，打造了甪直镇历史文化名镇保护规划、吴江慢行系统规划、吴中区新农村建设规划等一系列特色标志性成果，项目总计 150 余项，对苏州市的城乡规划建设做出了重要贡献。

苏州科技大学建筑与城市规划学院向地方输送了大量优秀人才，毕业生几乎覆盖了江苏省各地级市的规划设计单位和规划管理部门，现在他们不少人都已走上领导岗位或成长为业务骨干。"乡村规划建设研究与人才培养协同创新中心"合作的另外三方单位中，亦有苏州科技大学的校友。当天论坛，这些城乡规划领域的人才再次聚在一起，与母校共谋新发展。

第一部分：
树山特色田园乡村创建

江苏省特色田园乡村创建背景

习近平总书记在十九大报告中两次提到了"乡村振兴战略",提到农业农村农民问题是关系国计民生的根本性问题,必须始终把解决好"三农"问题作为全党工作重中之重。要坚持农业农村优先发展,按照产业兴旺、生态宜居、乡风文明、治理有效、生活富裕的总要求,建立健全城乡融合发展体制机制和政策体系,加快推进农业农村现代化。巩固和完善农村基本经营制度,深化农村土地制度改革,完善承包地"三权"分置制度。保持土地承包关系稳定并长久不变,第二轮土地承包到期后再延长三十年。深化农村集体产权制度改革,保障农民财产权益,壮大集体经济。确保国家粮食安全,把中国人的饭碗牢牢端在自己手中。构建现代农业产业体系、生产体系、经营体系,完善农业支持保护制度,发展多种形式适度规模经营,培育新型农业经营主体,健全农业社会化服务体系,实现小农户和现代农业发展有机衔接。促进农村一二三产业融合发展,支持和鼓励农民就业创业,拓宽增收渠道。加强农村基层基础工作,健全自治、法治、德治相结合的乡村治理体系,培养造就一支懂农业、爱农村、爱农民的"三农"工作队伍。

为深入贯彻中央关于城乡建设和"三农"工作的决策部署,认真落实习近平总书记系列重要讲话精神和治国理政新理念、新思想新战略,着力提升社会主义新农村建设水平,不断夯实"富强美高"新江苏和"两聚一高"新实践的基础,2017年6月底,江苏省委、省政府印发《江苏省特色田园乡村建设行动计划》、《江苏省特色田园乡村建设试点方案》,正式启动省域层面的特色田园乡村建设。

试点方案要求立足江苏乡村实际,采取上下结合、竞争择优的方式,选择主体积极性高、工作基础好、规划有亮点、方案切实可行的地区和村庄,开展建设试点,打造特色产业、特色生态、特色文化,塑造田园风光、田园建筑、田园生活,建设美丽乡村、宜居乡村、活力乡村,展现"生态优、村庄美、产业特、农民富、

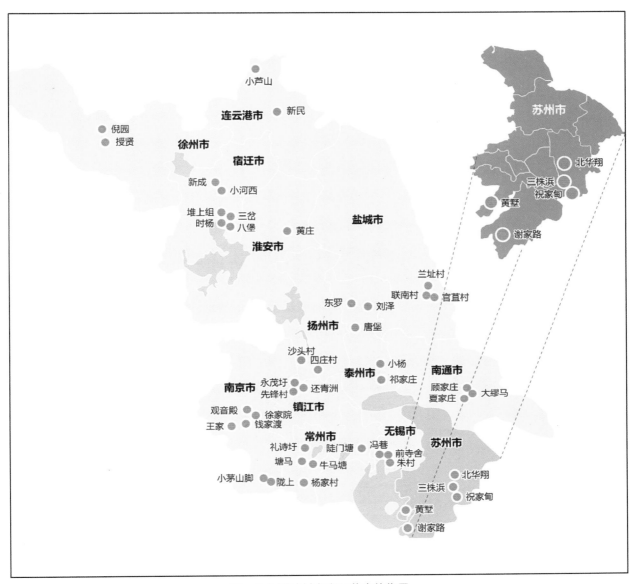

第一批入选试村点在江苏省的位置

集体强、乡风好"的江苏特色田园乡村现实模样。通过试点，形成一批可借鉴、可复制、可推广、多样化的成果。

2017年8月24日，江苏省田园办召开的全省特色田园乡村建设试点工作推进会上公布13个市"5县8团20个点"中的45个村庄，进入首批特色田园乡村试点村阵列，其中苏州占5个，主要分布在昆山（3个）。

江苏省特色田园乡村建设行动计划

中共江苏省委江苏省人民政府印发《江苏省特色田园乡村建设行动计划》的通知

中共江苏省委文件　苏发〔2017〕13 号

各市、县（市、区）党委和人民政府，省委各部委，省各委办厅局，省各直属单位：

　　现将《江苏省特色田园乡村建设行动计划》印发给你们，请结合实际认真贯彻执行。

中共江苏省委

江苏省人民政府

2017 年 6 月 20 日

江苏省特色田园乡村建设行动计划

　　为深入贯彻中央关于城乡建设和"三农"工作的决策部署，认真落实习近平总书记系列重要讲话精神和治国理政新理念新思想新战略，着力提升社会主义新农村建设水平，不断夯实"强富美高"新江苏和"两聚一高"新实践的基础，省委、省政府决定启动江苏省特色田园乡村建设。现提出如下行动计划。

一、重要意义

　　乡村不仅是传统的农业生产地和农民聚集地，还兼具经济、社会、文化、生态等多重价值和功能。经过多年不懈努力，我省乡村建设发展不断迈上新台阶，环境面貌显著改善，公共服务得到加强，综合改革深入推进，现代农业建设步伐加快，农民增收渠道全方位拓宽，农村社会治理取得良好成效。但从总体上看，乡村仍然是高水平全面小康的突出短板，特别是在新型城镇化快速发展进程中，乡村面临着资源外流、活力不足、公共服务短缺、人口老化和空心化、乡土特色受到冲击破坏等问题和挑战，迫切需要重塑城乡关系，遵循发展规律，坚持走符合乡村实际的路子，努力建设立足乡土社会、富有地域特色、承载田园乡愁、体现现代文明的特色田园乡村，加快实现乡村的发展与复兴，推动农业现代化与城乡发展一体化互促共进。各地各部门要立足全局、着眼长远，充分认识特色田园乡村建设的重要意义，把这项工作作为"强富美高"新江苏和"两聚一高"新实践在"三农"工作上的有效抓手，作为推进农业供给侧结构性改革、在全国率先实现农业现代化的新路径，作为传承乡村文化、留住乡愁记忆的新载体，集中力量、集聚资源、集成要素扎实推进。

二、总体思路

坚持创新、协调、绿色、开放、共享的发展理念，立足江苏乡村实际，对现有农村建设发展相关项目进行整合升级，并与国家实施的有关重点工作相衔接，进一步优化山水、田园、村落等空间要素，统筹推进乡村经济建设、政治建设、文化建设、社会建设和生态文明建设，打造特色产业、特色生态、特色文化，塑造田园风光、田园建筑、田园生活，建设美丽乡村、宜居乡村、活力乡村，展现"生态优、村庄美、产业特、农民富、集体强、乡风好"的江苏特色田园乡村现实模样。

三、基本原则

（一）规划引领，协调联动。坚持"多规合一"，高起点做好空间、生态、基础设施、公共服务和特色产业规划，严格规划管控，分期分批推进，实现生产、生活、生态同步改善。各级党委、政府加强引导，统筹涉农政策、项目和资金，协同各方力量，重视发挥村民主体作用和首创精神，形成工作合力和内生动力。

（二）把准方向，科学推进。注重文化的挖掘和传承、传统肌理的尊重和保护、老庄台的提升和复兴，避免全新重建、大拆大建。注重以农为本，推动职业农民扎根、特色农业发展，保障原住农民的参与权和受益权，避免仅仅成为观光休闲的景点。注重集聚现有资源要素，挖掘乡村和村民潜力，同时可吸引社会资本参与，避免简单地成为商业开发项目。

（三）整合聚焦，重点支持。整合各类涉农资金，聚焦特色田园乡村聚合使用。适用农村改革发展的试验项目和能够推广的试验成果，聚焦特色田园乡村先行先试。培育发展特色产业，聚焦特色田园乡村示范引领。推动基本公共服务均等化，聚焦特色田园乡村先行一步。

（四）试点先行，以点带面。采取上下结合、竞争择优的方式，选择主体积极性高、工作基础好、规划有亮点、方案切实可行的地区，开展省级特色田园乡村建设试点，形成可借鉴、可复制、可推广、多样化的成果。通过试点工作的摸索和总结，进一步完善工作思路和方案，以点带面、串点组团、连线成片、有序推进。

四、目标步骤

（一）总体目标

"十三五"期间，省级规划建设和重点培育 100 个特色田园乡村试点，并以此带动全省各地的特色田园乡村建设。具体目标是：

1. 生态优。乡村生态环境得到有效保护、修复和改善，田园景观得到有效挖掘和充分彰显，形成自我循环的乡村自然生态系统，拥有天蓝、地绿、水净的自然环境。

2. 村庄美。村落与环境有机相融，保持传统肌理和格局，村庄尺度适宜，建筑风貌协调，地域特色鲜明，基础设施配套齐全。

3. 产业特。农业供给侧结构性改革有效推进，农业结构得到优化调整，经营体系不断健全，生产水平和综合效益大幅提高。打造"一村一业"、"一村一品"升级版，形成特色产业和特色农产品地理标志品牌。

4. 农民富。产业富民、创业富民效应进一步凸显，农民收入显著提高，职业农民队伍不断壮大，农民在挖掘传承传统技艺的同时实现增收。

5. 集体强。重点改革深入推进，村集体经济活力充分激发，收入来源持续稳定，乡村治理能力得到提升，基层党组织的凝聚力和向心力明显增强。

6. 乡风好。社会主义核心价值观深入人心，家庭和睦、邻里和谐、村民自治、干群融洽，传统文化得到继承和发扬，形成富有地方特色和时代精神的新乡贤文化。

（二）实施步骤

1. 试点示范阶段（2017—2018 年）。在苏南、苏中、苏北各选择 1 个县（市、区），每个县（市、区）开展不少于 5 个特色田园乡村建设试点，侧重于县域的工作推进和机制创新；在全省选择 5 个县（市、区），每个县（市、区）开展相对集聚的 3 个左右特色田园乡村建设试点，侧重于试点的关联性和互动性；在全省选择 10 个左右村庄，通过田园、产业、文化、环境等的联动塑造，培育创建"特色田园乡村建设范例村庄"，形成"3 县、5 团、10 个点"即"351"的格局，首批试点村庄总数 40 个左右。省里对试点给予政策和资金支持。

2. 试点深化和面上推动阶段（2018—2020 年）。在试点示范取得阶段性成效的同时，完善特色田园乡村建设相关标准，组织各地按照标准指引、有序引导、政策聚焦、循序渐进的要求，深入推进试点，开展面上创建，形成一批体现江苏特色、代表江苏水平的特色田园乡村。

五、重点任务

（一）科学规划设计。高水平编制村庄规划，实现空间、生态、基础设施、公共服务和产业规划有机融合。做好重要节点空间、公共空间、建筑和景观的详细设计，发挥乡村建设技能型人才作用，用好乡土建设材料，彰显田园乡村特色风貌。梳理提炼传统民居元素，借鉴传统乡村营建智慧，确保新建农房和建筑与村庄环境相适应，体现地域特色和时代特征。

（二）培育发展产业。推进农业供给侧结构性改革，加强农业结构调整，发展壮大有优势、有潜力、能成长的特色产业，形成一批具有地域特色和品牌竞争力的农业地理标志品牌。完善涉农产业体系，利用"生态＋"、"互联网＋"等模式开发农业多功能性，构建"接二连三"的农业全产业链。培育职业农民，壮大新型农业经营主体，建设区域性农业生产服务中心，解决好"谁来种地"问题。

（三）保护生态环境。实施山水林田湖生态保护和修复工程，构建生态廊道，保护、修复、提升乡村自然环境，促进"山水田林人居"和谐共生。开展农村环境综合整治，严格管控和治理农业面源污染，加快农业废弃物源头减量和资源化利用，实施农村河道疏浚、驳岸整治，加强村庄垃圾、污水等生活污染治理，着力营造优美和谐的田园景观。

（四）彰显文化特色。保持富有传统意境的田园乡村景观格局，延续乡村和自然有机融合的空间关系，保护农业开敞空间、乡村传统肌理、空间形态和传统建筑。传承乡土文脉，保护非物质文化遗产和传统技艺，加强农耕文化、民间技艺、乡风民俗的挖掘、保护、传承和利用，培养乡村技能人才。大力推进现代公共文化体系建设，提高村民文化素质，丰富文化生活，繁荣乡村文化。

（五）改善公共服务。按照城乡一体化和均等化要求，推动义务教育、健康养老、就业服务、社会保障等基本公共服务在城乡之间逐步实现布局合理、质量相近、方便可达性大致相同。坚持问题导向，加大乡村基础设施建设力度，着力完善供电、通信、污水垃圾处理、公共服务等配套设施，适当增加旅游、休闲、停车等服务设施，同时建立科学管理、持续运营的新机制，努力满足乡村发展需要。

（六）增强乡村活力。积极探索新型农村集体经济有效实现形式，允许将财政项目资金量化到农村集体经济组织和成员，增强和壮大集体经济发展活力和实力，真正让农民分享集体经济发展和农村改革成果。加强新型职业农民创业载体建设，积极鼓励返乡农民工、村组干部、合作组织带头人、大学生村官等群体自主创业，吸引高校毕业生、城镇企业主、农业科技人员等各类人才下乡返乡创业。完善村民自治机制，深化社会主义核心价值观宣传教育，积极化解各类社会矛盾纠纷，促进乡村社会全面进步。

六、创建程序和运作模式

（一）创建程序

省级特色田园乡村建设采取地方自愿申报基础上的"创建制"。主要包括以下基本程序：

1. 自愿申报。各地可选择本区域内基础条件较好、具有广泛民意基础的村庄，申报省级特色田园乡村创建。各设区市政府会同县（市、区）向省特色田园乡村建设工作联席会议办公室报送创建材料，并组织制定工作推进方案和规划设计方案。

2. 分批审核。坚持统分结合、分批审核，先分别由联席会议各成员单位根据职责分工进行初审，再由联席会议办公室牵头组织联审，报联席会议确定创建名单。

3. 考核验收。对达到相关创建标准要求的，由省级组织验收。

4. 命名奖励。对通过验收的予以命名并给予资金奖励，具体办法另行制订。

（二）运作模式

坚持"政府主导、村民主体、市场参与"的原则，采取"综合营建"的模式联动推进。政府负责建立健全保障机制，加强引导和服务，在政策支持、规划编制、基础设施配套、资源要素保障、特色产业培育、文化内涵挖掘传承、生态环境保护等方面更好地发挥作用。突出村民的主体地位，在尊重村民意见和选择的基础上，引导村民主动投身到特色田园乡村建设的项目实施、维护和长效管理中来，并实现收益分配、就近就业。鼓励社会资本进入，在取得村民和村委会支持并达成共识的前提下，参与整体策划、详细设计、项目建设及运营管理。

七、保障措施

（一）建立协调机制。省政府建立省特色田园乡村建设工作联席会议，加强对试点示范和面上创建的统筹协调，做好顶层设计，及时研究解决重要问题。省政府分管副省长担任召集人，省委组织部、省委宣传部（省文明办）、省委研究室、省委农工办，省发展改革委、经济和信息化委、民政厅、财政厅、国土资源厅、环保厅、住房城乡建设厅、交通运输厅、农委、水利厅、文化厅、金融办、旅游局等部门负责同志为成员。联席会议办公室设在省住房城乡建设厅，抽调人员集中办公。各相关部门按照"渠道不变、统一安排、各记其功、形成合力"的原则，定期交流情况，加强会商研究，统筹协调推进。各市、县（市、区）建立由主要负责同志牵头的组织领导机构，细化职责分工，加大统筹推进力度。

（二）着力深化改革。各有关地区和部门要根据特色田园乡村建设总体要求，坚持问题导向，抓紧研究提出相应改革的具体措施和方案，通过改革激发乡村建设发展的动力活力。对方向明确、实践有基础、认识比较一致的改革，要在特色田园乡村加快推进、率先突破；对目标明确、取得共识但具体办法还需要完善的改革，要在特色田园乡村安排试点、积累经验；对认识上仍有争议但又必须推进的改革，可在特色田园乡村一定范围内先行先试、趟出路子。国家下达我省的改革试点项目，要优先安排到特色田园乡村；兄弟省市率先开展的具有突破意义的改革，要鼓励特色田园乡村充分借鉴、及时跟进。

（三）加大投入力度。调整优化省现有相关专项资金的使用结构，在符合项目资金用途和管理办法的前提下倾斜支持特色田园乡村建设。对村庄环境改善提升、美丽乡村建设等专项资金进行整合，集中用于特色田园乡村建设。农村改厕、村级一事一议奖补、村级集体经济发展试点、库区移民、农业生态保护与资源利用、农村公路等专项，切块用于特色田园乡村建设。农村土地整理、农田水利建设和管护、农作物秸秆综合利用、现代农业生产发展、国家农业综合开发配套、农桥建设、新增千亿斤粮食产能规划田间工程等专项，优先用于特色田园乡村建设。各地要拓宽乡村集体增收渠道，建立多元投入机制，为特色田园乡村建设提供资金保障，严禁新增村级债务。

（四）加强用地保障。各地开展特色田园乡村建设要符合镇村布局规划、土地利用规划、村庄建设规划，挖掘潜力用好存量土地，在县域内城乡、乡镇之间以及同一乡镇范围内统筹利用，做到集约节约用地。农村集体经济组织可依法使用建设用地自办或通过入股、联营等方式兴办符合特色田园乡村建设产业规划的企业，鼓励盘活利用农村存量集体建设用地和空闲农房。允许村庄整治、宅基地整理等节约的建设用地，重点支持乡村休闲旅游养老等产业和农村三产融合发展。确需新增建设用地的，由各地先行办理供地手续，优先安排供地。

（五）完善金融服务。引导金融机构对特色田园乡村建设的金融信贷支持进行系统化设计，优先配置信贷资源，放宽乡村建设项目准入条件，通过产业链融资、特色抵质押贷款、信贷工厂等方式，在特色田园乡村基础设施建设、小微企业发展、农业现代产业化项目等方面加大信贷支持力度。鼓励依法依规利用PPP、众筹、"互联网＋"、专项建设资金、发行债券等新型融资模式，吸引更多社会资本参与特色田园乡村建设。深入推进承包土地经营权抵押贷款试点，在健全农村土地产权登记、流转制度和交易市场基础上，探索设立镇村国有资本、集体资产主导的资产管理公司，建立承包土地经营权抵押评估、不良资产处置机制。开展乡村集体用房、农房财产权抵押贷款试点，推动特色经营农户、农村经营主体和小微企业发展。完善镇村两级银行机构物理网点和保险机构服务网络，优化农村综合金融服务站功能，打通农村金融服务"最后一公里"。

（六）强化技术支撑。制定江苏省特色田园乡村建设标准，编制技术导则。省建立专家咨询和技术指导制度，组织熟悉乡村情况、热心乡村建设的大院大所和专家学者、优秀专业技术人员、志愿者等，参与各地特色田园乡村规划设计和项目实施。试点示范阶段，省联席会议成员单位实行定人定点全过程跟踪，同时组织相关领域专家加强业务指导，及时研究解决试点过程中存在的问题，适时总结推广典型范例和经验做法。

（七）营造良好氛围。积极运用传统媒体和新兴媒体，采取多种形式，全面宣传特色田园乡村建设的重要意义、总体思路、基本原则和重点任务，切实把各级党委、政府及有关部门、社会各界的思想认识统一到省委、省政府的决策部署上来，把广大农民群众的积极性、主动性、创造性充分激发出来，把各方资源和力量凝聚到特色田园乡村建设中来。各地各部门主要领导同志要加强学习研究，亲自部署推动，把握好特色田园乡村建设的内涵、方向和路径，始终保持历史的耐心、发展的定力建设特色田园乡村。严格落实责任，加强督促检查，科学考核评价，确保各项工作按照时间节点和计划要求规范有序推进、不断取得实效。

中共江苏省委办公厅 2017 年 6 月 20 日印发

江苏省特色田园乡村建设试点方案

江苏省政府办公厅关于印发江苏省特色田园乡村建设试点方案的通知

苏政办发〔2017〕94号

各市、县（市、区）人民政府，省各委办厅局，省各直属单位：

　　《江苏省特色田园乡村建设试点方案》已经省人民政府同意，现印发给你们，请认真组织实施。

江苏省人民政府办公厅

2017年6月28日

江苏省特色田园乡村建设试点方案

　　为扎实有效推进特色田园乡村建设试点，根据《中共江苏省委江苏省人民政府关于印发〈江苏省特色田园乡村建设行动计划〉的通知》（苏发〔2017〕13号）要求，提出如下试点方案。

一、总体要求

　　立足江苏乡村实际，采取上下结合、竞争择优的方式，选择主体积极性高、工作基础好、规划有亮点、方案切实可行的地区和村庄，开展省级特色田园乡村建设试点，打造特色产业、特色生态、特色文化，塑造田园风光、田园建筑、田园生活，建设美丽乡村、宜居乡村、活力乡村，展现"生态优、村庄美、产业特、农民富、集体强、乡风好"的江苏特色田园乡村现实模样。通过试点，形成一批可借鉴、可复制、可推广、多样化的成果，造就一批高水平、专业化工作队伍，为全省面上推进特色田园乡村建设奠定良好基础。

二、试点选择

　　特色田园乡村建设以自然村为单元。"十三五"期间，省级规划建设和重点培育100个特色田园乡村试点。

首批试点村庄总数 40 个左右。其中，在全省选择 3 个县（市、区），每个县（市、区）开展 5 个左右特色田园乡村建设试点，侧重于县域的工作推进和机制创新；在全省选择 5 个县（市、区），每个县（市、区）开展相对集聚的 3 个左右特色田园乡村建设试点，侧重于试点的关联性和互动性；在全省选择 10 个左右村庄，通过田园、产业、文化、环境等的联动塑造，培育创建"特色田园乡村建设范例村庄"，形成"3 县、5 团、10 个点"即"351"的格局。

为体现竞争性试点的要求，省特色田园乡村建设工作联席会议办公室（以下简称省联席办）在各地申报基础上，遴选确定"5 县、8 团、20 个点"即"582"试点候选名单。省联席办根据"县、团、点"试点的不同要求，对规划设计方案和相关工作方案进行综合评价后，提出"351"试点名单，报省联席会议审定。

三、进度安排

（一）试点准备阶段（2017 年 4-6 月）。

组织各地开展试点申报，综合确定试点地区和试点村庄候选名单，制定下发试点工作方案，召开试点工作启动会。

（二）方案制定阶段（2017 年 7 月）。

各地根据省统一部署，在认真梳理问题、找准问题、形成思路基础上，组织制定相关方案。其中，每个"点"制定具体的规划设计方案和工作方案；每个"团"除"点"的规划设计方案和工作方案外，编制各点之间的关联互动实施方案；每个"县"还要形成县一级的工作推进方案。以上方案由县（市、区）政府组织制定，并于 7 月底前报省联席办。

（三）试点示范阶段（2017 年 8 月 –2018 年）。

各试点地区和试点村庄根据审定的方案全力推动项目实施，形成阶段性成果。省联席会议成员单位实行定人定点全过程跟踪指导，同时组织相关领域专家加强业务指导，及时研究解决试点过程中存在的问题，适时总结推广典型范例和经验做法。省同步研究制定江苏省特色田园乡村规划设计指引（试行）、江苏省特色田园乡村建设标准（试行）。

（四）试点深化和面上推动阶段（2018-2020 年）。

在试点示范取得阶段性成效的同时，完善特色田园乡村建设相关标准，组织各地按照标准指引、有序引导、政策聚焦、循序渐进的要求，深入推进试点。2018 年 1 月，启动第二批试点。在面上逐步展开创建工作，形成一批体现江苏特色、代表江苏水平的特色田园乡村。

四、工作重点

（一）科学制定工作方案。

列入候选的各县（市、区）要按照"县、团、点"的不同侧重点，科学制定试点工作方案，包括拟试点村庄的现状特征及问题研判、试点工作思路及重点工作任务、拟委托的规划设计团队、实施步骤及保障措施等主要内容。在此基础上，"县"重点关注试点类型和县域的工作推进、机制创新研究，"团"重点关注试点村庄的关联性和互动性研究，以利于形成空间连绵、整体示范效应明显的区域。坚持建设、发展、改革齐头并进，"建设"重点关注乡村特色风貌塑造、文化传承彰显和基本公共服务水平提升，"发展"重点关注特色产业发展、集体经济组织培育和农民增收致富，"改革"重点关注工作思路创新、方式方法创新和体制机制创新。坚持问题导向，对照特色田园乡村建设的要求，深入研究存在的问题和难题，提出思路对策和工作着力点。积极探索有利于特色田园乡村建设的土地制度、产业发展、农民增收、集体经济培育等方面的改革创新举措和工作体制机制建立。

（二）着力抓好规划设计。

规划设计方案要注重空间、生态、基础设施、公共服务和特色产业规划的有机融合，尤其要注重在现有基础上，培育壮大有优势、有潜力、能成长、以农业为基础的特色产业。注重提升设计建造品质，突出更加深入细致、反映本土特性、体现因地制宜、表达乡村丰富性的设计。做好山水田园环境、重要节点空间、公共空间、建筑和景观的详细设计，注重乡土文化挖掘、保护、传承和利用，发挥乡村建设技能型人才作用，用好乡土建设材料，新建建筑与乡村环境相适应，彰显田园乡村特色风貌。选择志愿服务特色田园乡村建设、在乡村营建领域有一定实践能力和业绩水平、能够长期跟踪设计实施的大院大所或其他优秀团队，开展规划设计工作。省联席办遴选组织设计师队伍，编制《特色田园乡村设计师手册》。试点候选村庄所在的县（市、区）应优先从《特色田园乡村设计师手册》中选择规划设计单位，选择未纳入手册中的设计团队应征得省联席办同意。

（三）精心组织试点实施。

坚持"政府主导、村民主体、市场参与"的原则，采用"综合营建"的模式联动推进。政府负责建立健全保障机制，加强引导和服务，在政策支持、规划编制、基础设施配套、资源要素保障、特色产业培育、文化内涵挖掘传承、生态环境保护等方面更好地发挥作用。突出村民的主体地位，在尊重村民意见和选择的基础上，引导村民主动投身到特色田园乡村建设的项目实施、维护和长效管理中来，并实现收益分配、就近就业。鼓励社会资本进入，在取得村民和村委会支持并达成共识的前提下，参与整体策划、详细设计、项目建设及运营管理。实行设计师总负责制，设计师全过程跟踪指导；实施过程中，可根据村民需求和实际需要优化完善设计方案，但变更方案须经设计师签字同意；有条件的地区可尝试采用设计总承包、工程建设全过程咨询服务等模式。

五、保障措施

（一）强化组织领导。

省特色田园乡村建设工作联席会议负责统筹协调全省试点工作，各成员单位按照"渠道不变、统一安排、各记其功、形成合力"的原则协同推进。各试点县（市、区）要建立由主要负责同志牵头的组织领导机构，细化职责分工，加强工作会商，加大统筹推进力度，保障试点工作取得实效。

（二）强化整合聚焦。

对正式列入试点的地区和村庄，由省联席办牵头，有关部门参与，逐一研究资金整合、金融支持、土地利用等相关政策，给予重点支持，并对创建取得预期成效的给予资金综合奖补。在县级层面，把资金、项目、政策统一到一张蓝图下，整合到一个平台上，切实形成制度合力，发挥整体联动效应。整合各类涉农资金，聚焦特色田园乡村聚合使用；适用农村改革发展的试验项目和能够推广的试验成果，聚焦特色田园乡村先行先试；培育发展特色产业，聚焦特色田园乡村示范引领；推动基本公共服务标准化均等化，聚焦特色田园乡村先行一步。

（三）强化技术支撑。

省研究制定相关标准和技术规范，建立专家咨询和技术指导制度。组建专家指导队伍，由熟悉乡村情况的设计大师和优秀设计单位、涉农多行业的专家组成，全过程对口指导试点工作。组织热心乡村建设的团队、志愿者、公益团体等参与特色田园乡村建设。

（四）强化工作调度。

建立特色田园乡村建设工作周报制度，试点地区定期上报试点工作推进情况。省联席会议每半个月召开一次专题会议，分析情况、研究政策、解决问题，确保试点工作按照既定方向有序推进。

附件：首批试点地区和试点村庄候选名单

一、"县"名单（5个）

1. 南京市江宁区

谷里街道张溪社区徐家院、秣陵街道元山社区观音殿、湖熟街道和平社区钱家渡、东山街道佘村

社区王家、淳化街道青龙社区东龙

2. 溧阳市

溧城镇八字桥村八字桥、上兴镇余巷村牛马塘、别桥镇塘马村塘马、戴埠镇戴南村杨家村、上黄镇浒西村南山后

3. 东台市

三仓镇兰址村1、2和3组先进路北侧以及4、5、6、7组，三仓镇联南村3、4、5、6、7、8组，三仓镇官苴村2、3、5、6组，五烈镇甘港村甘港中心村，新街镇方东村1、2、3、5、7组

4. 兴化市

缸顾乡东罗村东罗、大垛镇管阮村管阮、新垛镇施家桥施家、海南镇刘泽村刘泽、陈堡镇唐庄村唐堡

5. 泗阳县

李口镇八堡村八堡、新袁镇三岔村三岔、高渡镇周岗嘴村周岗嘴、卢集镇郝桥村郝桥、卢集镇薛嘴村薛嘴

二、"团"名单（8个）

1. 南京市高淳区

东坝镇游子山村小茅山脚、东坝镇游子山村周泗涧、东坝镇青山村垄上

2. 无锡市惠山区

阳山镇桃源村冯巷、阳山镇桃源村前寺舍、阳山镇阳山村郭庄

3. 邳州市

铁富镇姚庄村姚庄、官湖镇授贤村授贤、港上镇北西村北西

4. 苏州市吴中区

横泾街道上林村东林渡、越溪街道张桥村西山塘、临湖镇灵湖村黄墅

5. 昆山市

张浦镇金华村北华翔、周庄镇祁浜村三株浜、锦溪镇朱浜村祝家甸

6. 如皋市

如皋工业园区（如城街道）顾庄社区顾家庄、如皋工业园区（如城街道）大明社区大缪马、如皋工业园区（如城街道）钱长村夏家庄

7. 镇江市丹徒区

世业镇世业村还青洲、世业镇世业村永茂圩、世业镇先锋村一组

8. 泰州市姜堰区

溱潼镇湖南村湖南、沈高镇河横村河横、桥头镇小杨村小杨

三、"点"名单（20 个）

1. 南京市溧水区白马镇石头寨村李巷
2. 南京市浦口区永宁街道联合社区共兴
3. 徐州市铜山区伊庄镇倪园村倪园
4. 沛县张寨镇陈油坊村陈油坊
5. 常州市新北区西夏墅镇梅林村龙王庙
6. 常州市武进区雪堰镇城西回民村陡门塘
7. 苏州市吴江区震泽镇众安桥村谢家路
8. 连云港市赣榆区黑林镇芦山村小芦山
9. 连云港市赣榆区班庄镇前集村前集
10. 灌云县伊山镇川星村周庄
11. 灌云县杨集镇小乔圩村刘庄
12. 灌南县李集乡新民村新民
13. 金湖县塔集镇高桥村黄庄
14. 盱眙县旧铺镇茶场一队四组
15. 扬州市广陵区沙头镇沙头村永太组、永加组
16. 仪征市月塘镇四庄村四庄组、东队组
17. 句容市茅山风景区管委会李塔村陈庄
18. 句容市天王镇唐陵村东三棚
19. 泰兴市黄桥镇祁巷村祁家庄
20. 宿迁市宿豫区新庄镇振友村振友

苏州市高新区通安镇树山村现状调研报告

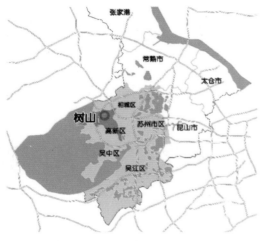

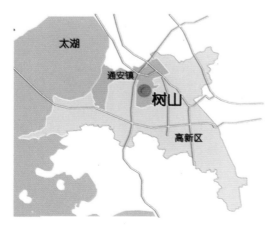

树山村地处苏州市西部，高新区三大发展组团的中心位置，位于大阳山版块浒通片区交界处，区位条件良好。具有城郊村、镇缘村和景区村的特征。

此外，树山交通区位优势突出，交通便捷，距离苏州火车站15km，距离苏州市区16km，距离上海112km。与312国道、沪宁高速、沪宁铁路、绕城高速、浒通路、京杭大运河相邻。

树山行政村范围为：北至兴贤路，南至大石山，东至鸡笼山，西至东塘河，总面积约为5.2km²。

近年来，树山村先后获得全国农业旅游示范点、国家级生态村、中国美丽田园、最美中国榜、江苏省文明村标兵、江苏省四星级乡村旅游区、江苏省三星级康居乡村、苏州市十大生态旅游乡村、苏州市美丽村庄等荣誉。

一、上位规划

根据《苏州高新区（虎丘区）城乡一体化暨分区规划（2009—2030）》，苏州高新区是以城乡一体化为先导，以山水人文为特色，以科技、人文、生态、高效为主题的现代化新城区。采用紧凑组团布局模式推进空间的集约化发展，形成"一核、一心、双轴、三片"的空间结构。其中树山在阳山主核内，毗邻阳山森林公园。村庄规划中需重点考虑景观环境及旅游发展。

根据《苏州市高新区通安镇村庄布局规划》树山村10个自然村兼具农业特色和旅游服务功能，由统一产业转型为一产加三产的联动发展模式，并且通过近几年的村庄环境整治，共有三星级村庄10个，均位于树山村。

二、现状用地

基地内用地以林地、园地和村庄建设用地为主。现状用地性质杂乱，缺乏统一规划。

（1）林地主要分布在基地的南部和北部，分别位于大石山、树山和鸡笼山上，占基地总面积的52.88%。

（2）园地以东西条状分布在鸡笼山与大石山间，主要为梨园，占基地总面积的26.54%。

（3）村庄建设用地散落分布在园地中，规模不一，占基地总面积的5.08%。

（4）村内的商业用地和已批待建用地主要集中在树山西北面，占总用地面积5.15%。

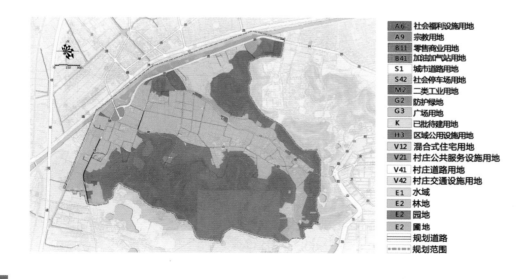

用地性质			用地面积（ha）	占建设用地比例（%）	占总用地比例（%）
建设用地			77.43	100.00	14.89
城市建设用地			51	65.87	9.81
其中	公共管理与公共服务设施用地		1.58	2.04	0.30
	其中	社会福利用地	0.29	0.37	0.06
		宗教用地	1.25	1.67	0.24
	商业服务业设施用地		7.83	10.11	1.51
	其中	商业用地	7.68	9.92	1.48
		加油加气站用地	0.15	0.19	0.03
	道路与交通设施用地		12.39	16.00	2.38
	其中	城市道路用地	9.19	11.87	1.77
		社会停车场用地	3.20	4.13	0.59
	工业用地		2.88	3.72	0.55
	其中	二类工业用地	2.88	3.72	0.55
	绿地与广场用地		5.7	7.36	1.10
	其中	广场用地	4.00	5.17	0.77
		防护绿地	1.70	2.19	0.33
	已批待建用地		18.92	24.43	3.64
	其中	已批待建用地	18.92	24.43	3.64
	区域公共设施用地		1.70	2.20	0.33
	其中	区域公共设施用地	1.70	2.20	0.33
村庄建设用地			26.43	34.13	5.08
其中	村庄住宅用地		16.88	21.80	3.25
	其中	混合住宅用地	16.88	21.80	3.25
	村庄公共服务用地		0.26	0.33	0.05
	其中	公共服务设施用地	0.26	0.33	0.05
	村庄基础设施用地		9.29	12.00	1.78
	其中	村庄道路用地	8.94	11.55	1.72
		村庄交通设施用地	0.35	0.45	0.06
非建设用地			442.57		85.11
其中	水域		28.08		5.40
	农林用地		414.49		79.71
	其中	圃地	4.65		0.89
		园地	137.99		26.54
		林地	271.85		52.28
总用地			520		100.00

三、现状综合研究

1. 村庄分布

目前，树山行政村一共有人口 1699 人，432 户，分散在 10 个自然村，即：树山头、戈巷、沿头巷、孙家浜、南枣浜、大石坞、戈家坞、唐家坞、虎窠里、金芝岭等（青山咀、白墙坞现状村民已外迁）。

2. 自然地理

村庄自然资源丰富，山、水、林、泉、田共同构成的树山的自然风貌。大石山、树山与鸡笼山犹如太师椅般分布在树山村四周，山脚下分布着五个山坞——大石坞、戈家坞、栗坞（虎窠里）、唐家坞、白墙坞共同构成三山五坞的特色。一条 1654.8m 的花溪，沿树山路贯穿树山村，沿岸四季花开。

此外，树山温泉井是苏南第一花岗岩裂隙型温泉井，是苏南地区最优质的温泉资源，现已挖建成有 2 口井。"树山温泉 1 号井"是苏南地区第一口花岗岩裂隙型温泉井，是符合国家医疗热矿泉标准的温泉度假基地，拥有偏硅酸多元复合型温泉，富含偏硅酸、钾、钠、镁、溴、锂、铁等多种

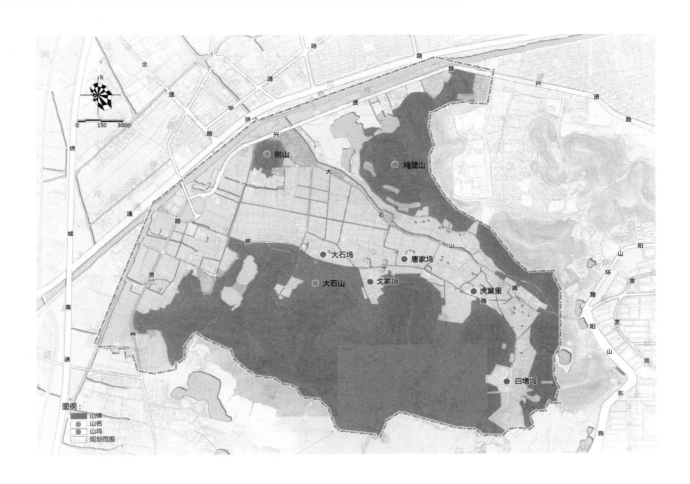

对人体有益的微量元素。日出水量为 500 吨，常年水温保持在 45℃，是医疗洗浴的佳品。"树山温泉 2 号井"地热水化学类型为 $SO_4^{2-}-Ca^{2+}$ 型水，pH 值呈碱性，为 8.01，矿化度为 1881mg/L，微咸水（1–3g/L）。根据医疗热矿水水质标准，可广泛应用于医疗、保健、洗浴等行业。日出水量 2000 吨以上。

3. 道路交通

树山村交通便利，周边高速公路网密布，且分布有通安镇出口、天池山出口以及西环高架出口等 3 个高速公路出入口，周边城市（无锡、南京、上海等）游客可通过便捷的高速公路自驾游前往树山。

树山村现状内部交通形成两横四纵的结构。由于浒光运河的原因，树山村与通安镇区缺少联系。

（1）地块与大阳山地区及外部联系主要依靠北部兴贤路和西部阳山环路。

（2）地块主要入口为北部休闲广场和东边观山路入口。

（3）现状公共交通设施仅有两个公交站，位于兴贤路上，公交线路单一，仅有线路 321。

（4）片区内有有轨电车二号线通过，但是没有设置有轨电车站。

（5）地块内网络体系混乱。内部交通东西向依托树山路和大石山路，联系较好，南北向联系不足。

（6）道路整体宽度不足，大部分道路景观较差。

（7）停车场分布不均，服务半径未覆盖整个地块。北部与东部缺少停车场地。

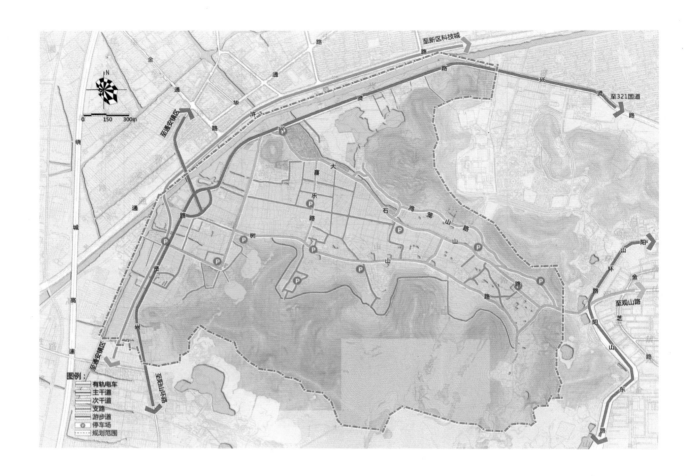

4. 建筑风貌

树山村内大部分建筑质量较好，多为 2000 年后修建。建筑以两层为主，少量三层与一层，且都为苏式坡屋顶。

5. 产业分析

树山产业发展坚持一产与三产相结合。依托得天独厚的生态环境和富含硒等微量元素的独特土质，大力发展生态农业，种植茶叶 1000 余亩、杨梅 2000 余亩、梨 1060 亩，成功打造"树山三宝"（云泉茶、红白杨梅、翠冠梨）特色品牌。依托良好的生态资源，树山把握优势，发展乡村旅游。目前，村内农家乐、精品民宿、温泉酒店以及观光栈道等已初具基础。酒店民宿：村内拥有书香世家温泉酒店、原舍云泉温泉美宿、泊隐客栈、清禅民宿、闲云舍等。农家乐：树山农家乐发展繁荣，拥有云泉山庄、苏味坊、悠然北山、东篱雅舍、梨花居农家乐、小男灶头饭等。农家乐主要集中在树山路沿线的大石坞和大石山路沿线的金芝岭两块。虽然现状农家乐发展较好，但在品质上都较为低端，缺少特色。商店：村域内散落数个小商店，服务于各个小自然村，商店规模小、商品种类不全、购物环境差。其他：拥有树山木桶坊、酌月山庄、云泉茶社、四季悦温泉酒店（温泉娱乐）等商业设施。

树山已是苏州及周边城市短途休闲旅游的好去处，至 2016 年，树山年游客数量达 50 万，一年一度的"树山梨花节"更是掀起树山旅游的高潮。

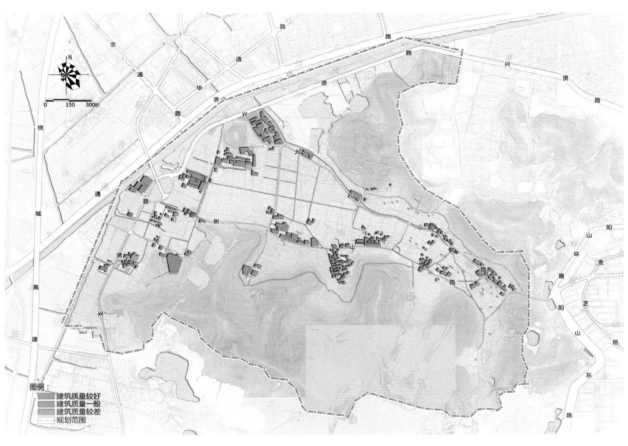

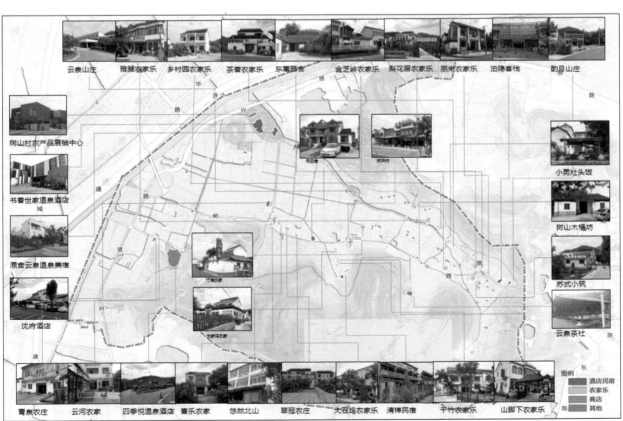

6. 历史人文

树山村古吴文化底蕴深厚，蜂拥叠翠的大石山名人古迹、历史遗迹众多，大石山内散布着"大石十八景"。千年来大石山流传下各种例如："天生福地"、"名人待山重"、"树山与鸡笼山的赌约"、"秦始皇射白虎"等名人轶事、神话传说。苏州城内的世界文化遗产环秀山庄，就是明代建筑工匠戈裕良以大石山为母本建成。树山守为村里数尊 500 多年历史的石像，是村庄的保护神和文化图腾，形成了守子守家、守规守矩、守一守真、守土守疆四位一体的独特"守文化"。树山民俗文化，极具特色，至今仍然有"抬猛将"、"中秋编兔灯"、"云泉腊八节"等传统民俗活动，以及树山箍桶匠、编草鞋等民间工艺。

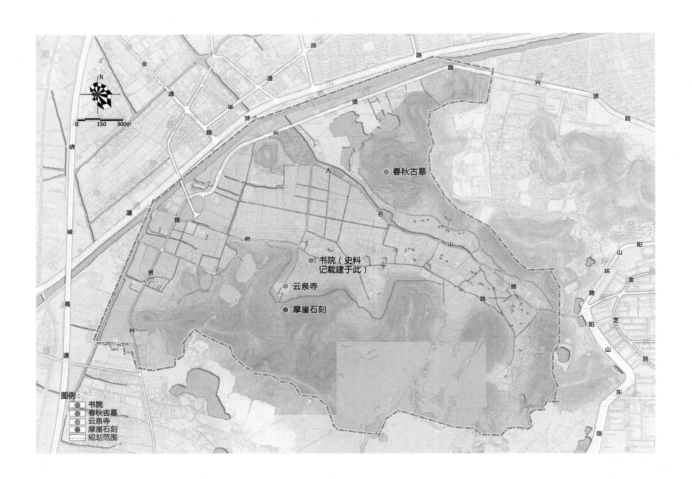

四、村民意愿

本次调研一共发下调研问卷 120 份，回收 110 份，其中有效问卷 105 份，问卷有效率为 87.5%。问卷主要调研了树山村村民个人及家庭情况、日常生活与公共服务设施情况、住房与村庄建设情况、经济与产业、基础设施、搬迁意愿、村民养老情况以及外来务工人员等八方面情况。

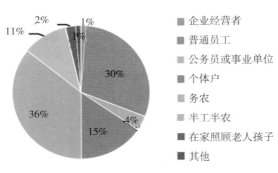

目前工作方式

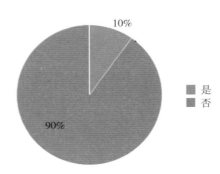

是否打算迁出

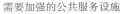

需要加强的公共服务设施

住房条件满意度

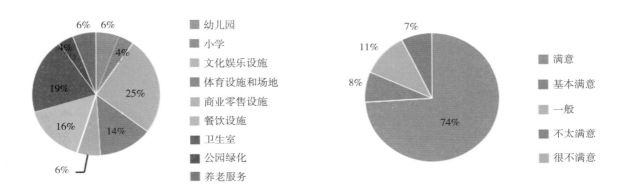

1. 村庄人口调查

通过调研，村中多数是中老年人在居住，就业岗位资源稀少，导致村中年轻人流失，村庄缺乏活力。

2. 公共交通条件调查

在调研的过程中，村民反映出行方便，乘坐公共交通需要步行很远到站点换乘，村庄的公共交通条件较差。

3. 公共服务设施现状调查

通过统计，树山村缺少各种公共服务设施，没有教育、娱乐、卫生等设施，村民最希望加强的公共服务设施是文化娱乐设施。

4. 基础设施现状调查

村庄的基础设施缺乏，通过调查发现村民对道路交通设施的需求较为强烈。

5. 住房调查

村庄中大部分住宅建成时间在 10 年以下，并且基本上都有粉刷，风貌良好。而且大多数接受调查的村民都对自己的住房条件表示满意。

6. 村庄建设调查

经调查村民对村庄的建设及居住环境、卫生环境等有 20% 的人是不太满意的，需要提高。

7. 村民工作调查

村民从事的工作中主要是以务农和打工为主，主要都集中在本镇工作，在省内其他城市或省外的很少。个人年收入在 5 万以下的居多，家庭年收入在 10 万 –15 万的居多。居民的收入来源有务农、务工、房屋租金、开设农家乐或民宿等。

8. 迁居意愿调查

经调查，74% 的村民认为理想的居住地就是本村，而且大部分村民不愿意转为非农户口，绝大部分村民不愿意迁出本村。因此在未来的规划中需要考虑到这些居民的意愿。

9. 经济和产业调查

大部分村民认为本村具有潜力开发农家乐，认为这可以给他们带来收入，也有相当一部分人也希望能在未来从事农家乐、民宿等行业。但也有相当一部分认为开发旅游业会给本村带来生活上的干扰，他们还是希望可以继续从事种植业。这种对立的矛盾需要在未来的规划中得以解决。

附录：村民访谈问卷

_____省_____市_____县（市、区）_____（乡）_____行政_____自然村

组长_____（Tel:_____）调查员_____编码

尊敬的村民：您好！为更好地倾听民意，促进农村人居环境的改善和提升，我们希望通过村民问卷和访谈调查了解您对您所居住的村庄的建设、环境、道路、设施等的意见。本问卷完全匿名，由同济大学直接发放并回收，只做总量统计，确保您个人信息不泄露。谢谢配合！

第一部分：基础调查

一、个人及家庭情况

1. 您在本村居住的时间：_____年；户口所在地：A.本村　B.非本村；户口上有_____人；常住家中的有_____人；

2. 请填写您家中成年人的年龄、性别以及其他情况（请将合适的选项填入表格），包括您本人、妻子（丈夫）、住在一起的父母、子女、兄弟姐妹等。

与您的关系	年龄	性别	民族	文化程度 A.小学以下 B.小学 C.初中 D.高中或技校 E.大专及以上	从事工作（可多选） A.企业经营者 B.普通员工 C.公务员或事业单位 D.个体户 E.务农 F.半工半农 G.在家照顾老人小孩 H.其他	务工地点 A.本镇 B.外乡镇 C.本市 D.省内其他城市 E.省外地区	务工时间 A.常年在外 B.农闲时外出 C.早出晚归，住在家里 D.主要务农，偶尔外出打零工 E.常住家中，不外出 F.其他	家庭年收入（元）
本人								

二、日常生活与公共服务设施情况

3.您小孩在调研地的就学情况（请将合适的选项填入表格）：

	就读学校	上学地点	就学模式	交通方式	单程时间	距家多远	是否满意
子女年龄	A.幼儿园 B.小学 C.初中 D.高中或技校 E.大专及以上	A.本村 B.镇区 C.其他镇 D.县城 E.市区	A.每日自己往返 B.每日家长接送 C.住校，每周回家 D.住校，每月回家 E.住校，很少回家	A.步行 B.自行车或电动车 C.公交车 D.校车 E.私营客车	___分钟	___km	A.满意 B.较满意 C.一般 D.不太满意 E.很不满意

4.您认为本村的学校最急需改善的是哪方面？ A.减小班级规模 B.更新教育设施 C.提高教师质量 D.降低就学成本 E.增加学校数量，缩短与家的距离 F.改善周边环境 G.其他_____

5.您认为本村的卫生室（医务室）最急需改善的是哪方面_____
A.改善交通条件 B.更新医疗设备 C.提升医师水平 D.降低就医成本 E.增加布点 F.延长服务时间 G.其他_____

6.您愿意在哪里养老：A.自己家里 B.村养老机构 C.乡镇养老机构 D.县及以上养老机构 E.子女身边 F.其他_____

7.您对本村的公共交通的评价：A.满意 B.较满意 C.一般 D.不太满意 E.很不满意（没有公交经过）

8.您认为本村最需加强的公共服务设施为（请填写你觉得最急需的三项）：A.幼儿园 B.小学 C.文化娱乐设施 D.体育设施和场地 E.商业零售设施 F.餐饮设施 G.卫生室 H.公园绿化 I.养老服务 J.其他_____

9.公共设施使用调查（请将合适的选项填入表格）：

	使用频率 A. 频繁 B. 经常 C. 偶尔 D. 很少 E. 从不 F. 未听说	使用满意度 A. 很满意 B. 较满意 C. 一般 D. 不太满意 E. 很不满意 F. 基 本不用	出行距离 A.0-500m B.500-1000m C.1-5km D.5-10km E.10-20km F.>20km
村卫生室			
乡镇卫生院			
市县医院			
村文化室 （老年活动中心）			
乡镇文化站			
县市文化馆			
村健身点			
乡镇体育场馆			
县市体育场馆			

10. 购物调查（请将合适的选项填入表格）：

	购物频次	首选购物地 *	出行距离 **
蔬菜	□__日 / 次□从不购买		
肉类	□__日 / 次□从不购买		
粮食	□__日 / 次□从不购买		
农业生产物资（种子农药化肥）	□__日 / 次□从不购买		
日常用品	□__日 / 次□从不购买		
服装鞋帽	□__日 / 次□从不购买		
书籍及音像制品	□__日 / 次□从不购买		
家用电器	□__日 / 次□从不购买		

* 首选购物地选项：A. 村（居）委会（A1. 本村，A2. 邻村） B. 镇区（B1. 本镇，B2. 邻镇） C. 县城（C1. 本县，C2. 邻县） E. 市区（E1. 本市，E2. 其他市） F. 网上购物

** 出行距离选项：A.0-500m B. 500-1000m C.1-5km D.5-10km E.10-20km F.>20km

三、住房和村庄建设

11. 请填写您农村住房的基本情况：

建成年	层数	建筑面积 平方米	宅基地面积 平方米	最近一次翻修 是哪一年？	外观（有粉刷/ 砌砖/裸露）	空调 （有/无）	网络 （有/无）	出租 （有/无）

12. 您对现有住房条件是否满意_____　A. 满意　B. 较满意　C. 一般　D. 不太满意　E. 很不满意

13. 您家庭在镇区有住房吗_____；在城区有住房吗_____　A. 有　B. 没有

14. 您家中是否还有老房子？　A. 有　B. 曾经有，后来拆了　C. 没有

15. 您认为老房子应该怎样处理？　A. 应该留下来，修好保护起来　B. 应该拆了建新的　C. 无所谓

16. 您认为老房子最大的问题是什么？　A. 住得不舒服　B. 维修太费钱　C. 太破不好看　D. 存在安全隐患　E. 其他_____

17. 您对近几年的村庄建设是否满意？_____，村庄居住环境是否满意？_____

A. 很满意　B. 基本满意　C. 一般　D. 不太满意　E. 很不满意

18. 您对村容村貌、卫生环境满意吗？_____

A. 满意　B. 较满意　C. 一般　D. 不太满意　E. 很不满意

19. 您对村落景观（风貌、街景等）是否关心？　A. 非常关心　B. 比较关心　C. 一般　D. 不太关心　E. 完全不关心

20. 您是否觉得本村具有历史文化特色？　A. 有　B. 没有

21. 如果有，您认为本村有特色的地方在哪里？　A. 民居　B. 祠堂庙宇　C. 古桥　D. 农田　E. 河流溪水　F. 周围的风景　G. 农产品　H. 手工艺　I. 风俗活动　J. 其他_____

22. 如果政府给予一定支持，您愿意参与到美丽乡村建设中吗？　A. 愿意　B. 不愿意　C. 说不清

23. 您是否为了村落景观的维护做过一些力所能及的事（多选）？　A. 清扫道路　B. 修葺房屋外壁、院落等　C. 修建道路　D. 修建水利设施　E. 植树种草　F. 清理小广告、海报　G. 没有做过　H. 其他_____

四、经济和产业

24. 您的家庭生产包括哪些：A. 种植业　B. 林业　C. 畜牧业　D. 渔业　E. 自办加工企业　F. 做买卖生意　G. 在工厂上班　H. 开办家庭旅游服务　I. 其他_____（本题可多选）

25. 您家拥有耕地_____亩（其中旱地_____亩，水田_____亩），鱼塘_____亩，林地_____亩，每亩年收益_____元；谁来耕种？　A. 自己或家人　B. 本村人　C. 流转给公司　D. 租给

外来务农人员　E. 抛荒

26. 您到您的耕地的距离＿＿＿km；如果您还从事一些非农工作，您到工作地的距离＿＿＿km；如果您有非农工作，您从居住地到工作地方便吗？　A. 方便　B. 较方便　C. 一般　D. 不太方便　E. 很不方便

27. 您家庭年纯收入大约为：＿＿＿万元，其中：务农＿＿＿元，非农务工收入＿＿＿元，子女寄回＿＿＿元；房屋出租＿＿＿元；社保等补助＿＿＿元；其他＿＿＿元（精确到百元即可）

28. 您家庭一年最大的开销是＿＿＿和＿＿＿：A. 吃穿用度　B. 看病就医　C. 子女学费　D. 外出打工生活费　E. 接济子女或孙辈　F. 照顾老人　G. 人情往来　H. 其他＿＿＿；扣除常规花销，您家庭每年可以存款：＿＿＿万元

29. 您认为本村是否有潜力开发农家乐、民宿等休闲旅游产业？　A. 是　B. 否　C. 说不清楚

30. 您认为如果来本村旅游的游客增加会带来什么？
A. 干扰生活　B. 破坏环境　C. 增加收入　D. 增加就业机会　E. 其他＿＿＿

31. 您对本村的农家乐、民宿等休闲旅游产业，是否支持？　A. 是　B. 否　C. 说不清楚

32. 未来如果有机会，您是否愿意工作？　A. 是　B. 否
如果是，您希望从事什么行业？
A. 种植业　B. 养殖业　C. 加工　D. 文化创意　E. 民宿　F. 农家乐　G. 培训　H. 其他＿＿＿（本题可多选）

五、基础设施

33. 您认为村里最需加强的基础市政设施是（请填写你觉得最急需的三项）：A. 环卫设施　B. 道路交通　C. 给水设施　D. 电力设施　E. 燃气设施　F. 污水　G. 雨水设施　H. 防灾设施　I. 其他＿＿＿

34. 您对家中现状的用水情况是否满意？　A. 满意　B. 基本满意　C. 不满意　D. 说不清楚
在哪些方面需要政府或乡村进行改进？　A. 水质　B. 供水时间　C. 水压　D. 收费　E. 其他＿＿＿

35. 家庭用水集中在哪些方面？（可多选）A. 日常生活　B. 做饭　C. 冲厕　D. 牲畜用水　E. 菜园浇灌　F. 其他，请注明

36. 您家中生活饮用水来源是？　A. 村庄自来水　B. 乡镇水厂集中供水　C. 自备井水　D. 自引山泉水　E. 其他＿＿＿

37. 您家中厕所的形式是？　A. 水冲式　B. 旱厕　C. 公共厕所　D. 其他，请注明

38. 您家中是否建有化粪池？ A. 村中统一建设   B. 自行建设   C. 都有

39. 您家里污水的排放方式？ A. 地面直排   B. 管渠排放   C. 都有   D. 其他，请注明

40. 您家中生活垃圾的收集处理方式？ A. 随便丢弃   B. 村内有垃圾池   C. 有垃圾分类收集房   D. 其他，请注明

41. 您家里用电主要集中在哪些方面？ A. 照明   B. 炊事   C. 洗澡   D. 供热   E. 家电   F. 其他____

42. 您家每个生活环节中用能情况：照明用能_____，烧水煮饭用能_____，烧菜用能_____，洗澡洗脸热水用能_____，冬天采暖用能_____，夏天制冷用能_____，其他用能（请注明）_____。

（选项：A. 电   B. 液化气   C. 沼气   D. 木材   E. 太阳能   F. 秸秆   G. 其他，请注明）

43. 您家中秸秆的处理方式？ A. 饲料   B. 燃料   C. 还田   D. 闲置   E. 就地焚烧   F. 其他，请说明

44. 您家中使用有线电视还是卫星电视？ A. 有线电视   B. 卫星电视   C. 其他，请注明

45. 您家中是否装有固定电话？ A. 是   B. 否

46. 您家中是否装有宽带互联网？ A. 是   B. 否

47. 您是否使用移动电话（手机）？是否是智能手机？ A. 是   B. 否

六、迁居意愿及经历

48. 您对您目前的生活状态满意吗？ A. 很满意   B. 基本满意   C. 一般   D. 不太满意   E. 很不满意

49. 您理想的居住地：A. 农村   B. 集镇   C. 市区   D. 省城、大城市或直辖市   E. 其他_____

50. 如果城市放宽户口政策，您愿意转为非农户口成为城里人吗？ A. 愿意   B. 不愿意，原因_____

51. 考虑现实生活条件，您是否有迁出本村到城镇定居的打算？ A. 有   B. 没有   C. 说不清楚

● 如果是，原因（可多选）：A. 工作机会多、就业收入高   B. 子女教育质量高   C. 医疗条件优   D. 卫生环境好   E. 设施完善、生活便利   F. 政府政策优惠   G. 本村有潜在的自然灾害风险（泥石流、洪水等）   H. 城市生活丰富   I. 其他_____

● 如果否，原因（可多选）：A. 城里工作不好找   B. 城里消费水平高   C. 我舍不得农村   D. 城镇空气环境质量差   E. 城镇生活不习惯   F. 买不起房子   G. 农村收入尚可，我满足了   H. 其他_____

52. 请您简单填写您本人及家庭成员（妻子、丈夫、成年子女）过去的迁移、转职经历（请将合适的选项填入表格）：如被访谈村民是短期外出务工，请回答第53-57题：

家庭成员1：__本人__

迁出地（×省×市×县×乡镇）	时间	迁入地（×省×市×县×乡镇/街道）	迁移原因*	职业**	随迁者***	迁移或转职前后比较****		
						收入水平	生活成本	生活质量
	____年至____年							
	____年至____年							
	____年至____年							
	____年至____年							
	____年至____年	现居住地						
为何返乡（为何不外出）								

　* 迁移原因：A.务工　B.经商　C.工作调动　D.入学参军　E.投亲靠友　F.征地拆迁　G.子女入学　H.住房改善 I.其他

　** 职业：A.务工　B.务农　C.商业服务　D.办事人员　E.职业技术人员　F.经营与管理人员　G.无固定工作　H.其他

　*** 随迁者：A.全家　B.单身迁移　C.子女随迁　D.父母随迁

　**** 迁移比较：A.显著提高　B.略有提高　C.没有变化　D.略有下降　E.显著下降

家庭成员2：_____

迁出地（×省×市×县×乡镇）	时间	迁入地（×省×市×县×乡镇/街道）	迁移原因*	职业**	随迁者***	迁移或转职前后比较****		
						收入水平	生活成本	生活质量
	____年至____年							
	____年至____年							
	____年至____年							
	____年至____年							
	____年至____年	现居住地						
为何返乡（为何不外出）								

家庭成员3：_____

迁出地（×省×市×县×乡镇）	时间	迁入地（×省×市×县×乡镇/街道）	迁移原因*	职业**	随迁者***	迁移或转职前后比较****		
						收入水平	生活成本	生活质量
	____年至____年							

续表

迁出地（×省×市×县×乡镇）	时间	迁入地（×省×市×县×乡镇/街道）	迁移原因*	职业**	随迁者***	迁移或转职前后比较****		
						收入水平	生活成本	生活质量
	___年至___年							
	___年至___年							
	___年至___年							
	___年至___年	现居住地						
为何返乡（为何不外出）								

家庭成员4：____

迁出地（×省×市×县×乡镇）	时间	迁入地（×省×市×县×乡镇/街道）	迁移原因*	职业**	随迁者***	迁移或转职前后比较****		
						收入水平	生活成本	生活质量
	___年至___年							
	___年至___年							
	___年至___年							
	___年至___年							
	___年至___年	现居住地						
为何返乡（为何不外出）								

被访谈村民是短期或阶段性外出务工，请回答第53-57题：

53. 您外出务工的地点一般是在哪里？　A. 一线城市（北上广深）　B. 省会　C. 中小城市　D. 县城 E. 乡镇或就近

54. 您每次外出务工的时间一般持续多久？　A.1个月不到　B.1-3个月　C.3-6个月　D.6个月以上

55. 您外出务工一般从事什么行业工作？　A. 农业　B. 建筑　C. 制造业　D. 服务业　E. 其他_____

56. 您每次外出务工收入大概有多少？　A. <5000元　B. 5000-10000元　C. 10000-20000元 D. 20000-30000元　E. 30000-50000元　F. 50000-80000元

57. 相比外出务工前，您外出务工后的收入水平是 A. 显著提高　B. 略有提高　C. 没有变化　D. 略有下降　E. 显著下降

第二部分：专项调查

一、村民养老情况（60岁以上村民回答）

58.对您来说，生活中最困难的事（可以多选，至多三项）：A.起居自理（穿衣、梳洗、行走等）　B.日常家务　C.做饭　D.外出买东西　E.看病　F.干农活　G.无人陪伴，无事可做　H.照顾孙辈　I.其他＿＿＿＿＿

59.您子女对您关心吗？A.经济上和精神上都很关心　B.经济上很支持，但日常关心较少　C.日常关心较多，但经济支持很有限　D.经济和精神上都不关心　E.其他＿＿＿＿＿

60.您每月领取＿＿＿＿＿＿元养老金，对此满意吗？A.满意，够用　B.不够用，做农活赚钱　C.太少，须靠子女或其他来源补贴

61.您是否会选择在养老机构（托老所、养老院）养老？A.是，每月心理价位＿＿＿＿　B.不，自己能照顾自己　C.不，子女可以照顾我　D.不，别人可能会看不起　E.不，支付不起费用　F.不，不习惯离开家

62.您对村里的老年活动中心及相关组织满意吗？A.满意　B.一般　C.不满意　D.无活动中心　E.不常去，不知道

63.您村里有社区养老服务吗＿＿＿＿＿；您是否听说过有"志愿帮助老年人"的组织＿＿＿＿＿；您在日常生活（买菜、做农活、就医）上是否有过被社区或志愿者组织"无偿帮助"的经历＿＿＿＿＿A.有　B.没有

64.如果村里组织村民养老互助，您愿意参与吗？A.愿意　B.没想过　C.不愿意，因为：＿＿＿＿＿

二、外来人员情况（受访者如是外来人员，请继续回答下列问题）

基本情况

65.您来本村定居多久了：＿＿＿＿＿＿年；

66.您老家是在＿＿＿＿＿＿：A.农村　B.城市

67.您的户口所在地是＿＿＿＿＿＿：A.本市农村　B.本市城市　C.外省农村　D.外省城市

68.您的老家中，户口上有＿＿＿人，常住家中的有＿＿＿人；

69.您是通过什么途径了解到本村然后来本村居住的？

A.朋友介绍　B.亲戚介绍　C.媒体宣传　D.自己寻找　E.协会、团体　F.其他＿＿＿＿＿

70.您选择来本村居住的原因是？（可多选，最多3项）＿＿＿＿＿：

A.空气质量好　B.有农村情结、喜欢农村氛围　C.离上海近，交通区位好　D.有社会圈子（朋友、

亲戚）　E. 城里生活成本高　F. 城里工作辛苦　G. 城里空气差　H. 买不起城里房子　I. 其他_____；

71. 您在本村从事什么类型工作：A. 农业（请注明具体行业_____）　B. 建筑业　C. 制造业（请注明具体行业_____）　D. 服务业（请注明具体行业_____）　E. 其他_____

72. 您一年在本村居住的时间累计有_____个月；

73. 您是否结婚：A. 已婚　B. 未婚有女友　C. 单身

74. 您来本村的定居方式是？　A. 自己独自出来　B. 和妻子一起来定居　C. 和妻子、小孩一起来定居　D. 全家共同外出（包括老人）

75. 您来本村定居之前的个人年收入大致是：_____元

76. 您来本村定居之后的个人年收入大致是：_____元

77. 您在本村的生活开销一个月大约是：_____元；

78. 您在本村的住房情况：A. 集体宿舍　B. 自己租房　C. 跟人合租　D. 住亲戚 / 朋友家中　E. 无固定居所　F. 其他_____；

您的居住（宿舍）面积是_____平方米，租金_____元 / 月，距离工作地_____km

79. 考虑现实生活条件，您将来会选择的定居地（多选，最多两项）：A. 本村　B. 上海其他农村　C. 上海市区　D. 老家市区　E. 老家农村

80. 您认为在本村定居，最大的障碍是？（可选 3 项）：A. 买房　B. 生活习惯（语言等）　C.（医保等）福利　D. 社会关系（朋友 / 亲戚）　E. 户口　F. 其他_____

苏州市高新区通安镇树山村
特色田园乡村创建工作方案

　　"山含图画意，水洒管弦音。江南秀丽处，寻梦到树山。"通安镇树山自然村位于大阳山北麓，东接姑苏古城，西邻浩瀚太湖，300余户农家散落在青山怀抱中，是一个粉墙黛瓦、小桥流水的典型江南水乡村落，被誉为姑苏城内的世外桃源。树山村特色田园乡村创建面积1.5平方公里，181户，位于大阳山北侧，鸡笼山南侧。村庄形态独具特色，历史传承印记丰富，对创建特色田园乡村有着较好的基础。

　　2016年村级集体收入632万元，村民人均年收入3.9万元，各项指标均超省辖市村30%以上。为有序、有效、有力地开展特色田园乡村创建工作、确保创建工作成效，根据《江苏省特色田园乡村建设行动计划》、《江苏省特色田园乡村建设试点方案》精神，制定本工作方案。

一、指导思想

立足树山村现状，围绕"生态优、村庄美、产业特、农民富、集体强、乡风好"的目标要求，深度发掘生态优势、产业优势、人文优势，进一步优化空间结构，整合各方资源，强化要素投入，加大推进力度，统筹推进经济、政治、文化、社会、文明建设，重点构建现代农业体系、深化一三产业融合，拓宽农民增收渠道等。努力建设产业兴旺、生态宜居、乡风文明、治理有效、生活富裕的美丽乡村、宜居乡村、活力乡村。

二、基本原则

（一）规划引领，分步实施。邀请苏州科大城市规划设计研究院有限公司制作树山特色田园乡村建设规划，突出规划的全局性、前瞻性、指导性和约束性，将树山的山水、田园、建筑等融于一体，统筹思考。并以建设树山特色田园乡村为契机，继续推广"树山三宝"与"最美田园乡村"的作为特色与品牌。

（二）政府主导，村民主体。在坚持地方政府主导作用的基础上，充分尊重村民意愿，发展形式多种、规模适度的产业经营，培育新型农业经营主体，健全农业社会化服务体系，实现小农户和现代农业发展的有机衔接。鼓励并动员广大村民参与特色田园乡村建设，让创建成果更多地惠及村民、服务村民，最大程度地增强村民的获得感。

（三）传承历史，启迪发展。发掘并保护历史遗存，钩沉村庄历史记忆，激发村庄发展活力。通过特色田园乡村建设，进一步复兴乡村的人文活力、资源活力、产业活力，着力打造生机勃勃的社会主义新农村。

（四）社会参与，多方获利。在充分利用好上级财政项目资金的基础上，招引社会资本、民间资本参与特色田园乡村建设，吸引人才回乡、村民返乡、资源下乡，共建共享特色田园乡村，让闲置资源变为抢手资产，让村集体、村民多方得利。

三、创建重点

（一）协同三生发展，凸显生态优势

突出三山五坞、梦溪花谷的生态优势。树山位于大石山、鸡笼山以及树山三山之间，村落民居散落于山间溪畔梨花田中，树山特色田园乡村以生态保护作为基础，利用生态优势，建设生态树山。

1. 三生协同发展：协同生产、生活与生态，结合海绵乡村建设与土壤环境治理，协调人居需求与保护田园风貌，提高农业用地综合生产能力和生态效益，合理"穿衣戴帽"，进行民房翻建，坚持生态宜居。

2. 保护森林生态：结合生态保护、生态修复与生态建设，严格划定森林保育区范围，强化其高新区生态绿心地位，也为今后发展森林游赏打下基础。

3. 整治村庄水系：整治村庄水系，疏通村内池塘，通过水系连通、生态驳岸、净水设施、景观布置等建设，打造方塘珠嵌、山泉潺潺的生态村庄。

4. 提升生态景观：腾退大石山的零散墓地，重修梨园栅栏，完成大石山木栈道建设，提升森林梨园等生态景观，展现树山特色生态，实现"一季一风光"。

（二）一三产业融合，深化特色业态

打响"树山三宝"的特色品牌，坚持精细化种植、精致化加工，并与三产精心化融合，突出"一村一特色"的建设，构建现代农业体系，壮大集体经济。

1. 构建农业体系：构建现代农业产业体系、生产体系、经营体系，完善农业支持保护制度，发展形式多样规模适度的经营，培育新型农业经营主体，健全农业社会化服务体系，实现小农户和现代农业发展有机衔接。

2. 深化生态旅游：利用大石山景观路、观光木栈道、引温泉入农户的项目等，连接山、水、田、泉、村等生态资源。在保护传统村落生态、田园风光、诗意山水的基础上，融合一三产业，支持并鼓励农民就业创业，引入知名品牌，提升生态旅游品质，拓宽增收渠道。

3. 发展创意产业：孵化、培训传统手工艺，以村庄闲置资产为载体，以树山特有的文化IP、箍桶匠艺、茶叶加工为基础，以文创产品、木桶、兔子灯等特色产品为"卖点"，发展旅游创意产品。

4. 强化品牌营销：利用文化IP、高校资源、国际赛事、交流会议等宣传树山品牌，提升树山知名度，带动农业销售与生态旅游。

（三）彰显历史文化，传承民俗文化

依托树山村深厚的古吴文化积淀、众多名人遗迹和神话传说，深入挖掘和修复当地历史文化遗存，深挖历史古韵，弘扬人文之美，做到"一景一典故"。

1. 挖掘大石文化：蜂拥叠翠的大石山有着千年文化的底蕴，现状名人传说、遗留古迹众多，通过重修"大石山十八景"（云泉寺与拜石轩、毛竹磴、招隐桥、仙桥、宜晚屏、玉尘涧、青松宅、杨梅岗、款云亭、凝霞楼、石井、石龙、玉皇阁、夕照岩、观音阁、见湖峰为大石山十八景），建立村级历史文化展厅，讲好树山故事。

2. 凸显山守文化：树山守为村里数尊500多年历史的石像，是村庄的保护神和文化图腾。以此打造树山文化IP，凸显守子守家、守规守矩、守一守真、守土守疆四位一体的独特"守文化"。

3.恢复耕读文化："介石书院"与"达善书院"都曾坐落于大石山脚，体现了苏州耕读传家的儒家思想。以两大书院为依托，恢复树山书院，举办文化活动，增添树山文化氛围。

4.传承民俗文化：进一步挖掘传承宗教文化、民俗文化，以及手工艺文化等，重要节日举办节庆活动，营造具有乡土气息的乡村氛围。

（四）完善公服设施，补齐旅游配套一

以广大村民的生产、生活所需为基础，进一步完善公共服务设施，提升公共服务能力，建设乡风文明、治理有效的树山村。同时满足生态旅游发展需要，完善旅游配套。

1.完善基础设施建设：重点整治电力、电信以及燃气等基础设施。全面铺设污水管道，保护水体质量。进一步完善监控设备的安装、路灯照明的设置等内容，提高村庄生活的便利性和安全性。

2.增加公共服务设施：现状树山公服主要集中于树山服务中心，村内公服设施分布不均。规划完成树山村村民服务中心的改造升级，完善公共服务设施，重点增加文化设施、停车设施。

3.提升村庄公共空间：利用乡土建筑材料和本土植物，打造集"实用性、观赏性、特色性"于一体的公共空间节点。打造精品小品，提升村庄的品味。

01 乡村电影院	05 树山村服务中心	09 树山书院	13 虎窠里精品民宿集群
02 树山村民公园	06 云泉寺	10 戈家坞	14 金芝岭
03 梨主题农乐园	07 大石坞	11 唐家坞	15 木栈道
04 游客接待中心	08 千亩梨田	12 云泉茶社	

4.补齐旅游设施配套：满足树山生态旅游发展的需要，增加旅游配套设施，建设游客中心、公共厕所、休闲业态、特色民宿、农家乐、活动节点等。

四、实施步骤

（一）规划先行

高水平、高要求编制规划，实现空间、生态、基础设施、公共服务和产业有机融合，做好重要节点、公共空间、建筑和景观的设计，利用传统元素，借鉴传统乡村营建智慧，体现地域特色和时代特征。首先选取大石山路沿线空间、西部村庄、中部梨田为启动区域，在相关试点工作取得良好效果后在全村进行推广，全面推进全村特色田园乡村建设。

（二）先期启动

重点推进村庄整治、乡村休闲业态、农业土地统筹运营、可利用资产运营等试点工作。村庄整治：乡村建筑风貌提升、水系环境整治、道路提升等；土地整合：西侧土地集中流转，盘活闲置民房，发展休闲体验旅游、特色农业等。

（三）后续发展

全面推动特色田园乡村建设，在全村范围内跟进相关整治工程和试点项目。主要项目包括：全村田园路网及生态水系网络构建、村庄整治相关工程、休闲空间建设。深化推进农业土地整合。

五、保障措施

（一）组织保障

由镇党委、政府主要责任领导牵头成立树山村特色田园乡村领导小组，统筹国土、村建、文化、宣传、农业、水利、财政、交通等各部门以及村委会工作，制定考核指标，细化职能分工，加强工作协商，稳步推进各项建设工作。

（二）资金保障

利用特色田园乡村建设省级财政资金，调整优化现有相关专项资金的使用结构，在符合项目资金用途和管理办法的前提下，支持特色田园乡村建设。完善农村金融服务，引导金融机构设计个性化的金融信贷产品，依法发展新型融资模式。此外，也可借助 PPP 模式、众筹、集体资产抵押贷款等方式落实资金筹措。

（三）用地保障

盘活村庄集体资产，挖掘潜力，用好存量土地，在乡镇范围内统筹调剂土地利用。对于村庄空置宅基地，以及不良资产进行使用权流转，引入社会资本。

（四）技术保障

设计团队全过程跟踪指导，在实施过程中，根据村民需求和实际需要，不断优化并完善设计方案，变更方案须经设计师签字同意，确保规划的科学性和严肃性。

第二部分：
第二届长三角地区高校乡村规划
教学方案竞赛

第二届长三角地区高校乡村规划教学方案竞赛任务书

一、活动目的

通过该项教学方案竞赛，继续推进乡村规划教学交流和研究，积极扩大社会影响，吸引更多高校以及社会各界关心和支持乡村规划教育，投入乡村规划和建设事业。

二、任务要求

根据组织方提供的基础资料和现场调研，在符合国家和地方有关政策、法规和规划指引的前提下，围绕着"全国最美乡村"创建，在通安镇内自行选择村庄（推荐树山村、渔业村），充分利用和挖掘村庄的资源禀赋，探讨村庄的未来发展可能，并以此为出发点，提出村庄的未来发展定位和发展策略，在村域层面编制村庄规划，并选择局部节点编制概念方案。

三、成果要求

充分发挥各单位的主观能动性和创造性，仅提出以下规划成果内容的原则性要求：

（1）现状问题

（2）发展定位

（3）实施策略

（4）村域用地或功能区规划

（5）村域生态保护及环境卫生规划

（6）村域道路交通规划

（7）村域重大基础设施和重要公共服务设施规划

（8）村域村容村貌规划

（9）主要节点设计方案

（10）简要说明书

在上述成果基础上，鼓励为村民日常使用便利，创新规划成果形式，如村民规约制定或修订、简明挂图等。

四、成果形式

成果鼓励图文并茂，允许不同文件格式。为适应后期出版需要，组织方提供统一图版底图给各参加单位，对各级标题的字号和图版规格进行统一要求，其他排版和字体等不限。具体成果形式如下：

（1）每个单位原则上提交成果不多于 2 份，每份成果的参与学生一般为 3-4 人。

（2）每份提交成果，统一规格的图版文件 4 幅，应为 psd、jpg 等格式的电子文件，或者 Indd 打包文件夹，该成果将用于出版。

（3）每份提交成果，还应另行按照统一规格，制作 2 幅竖版展板 psd、jpg 格式电子文件，或者 Indd 打包文件夹。该成果将统一打印，以便展览用途。

（4）能够展示主要成果内容的 PPT 等演示文件一份，一般不超过 30 张页面。

五、评选方式

本次活动组织，重在激发各校师生积极性和研讨交流，因为不采用匿名评比方式。原则上在收集各单位成果后，由组织方邀请各参加单位任课教师及另行邀请的专家组成评选委员会，评出优胜方案给予表彰，并对每个方案给出评审意见。

有关具体方式在收集成果前，另行商定。

六、时间安排

1. 调研时间

原则上，组织方建议的统一调研时间为 8 月底前一周到 9 月初两周，具体时间由各单位与组织方协商确定。

上述时间安排有困难的单位，请提前与组织方协商具体时间。

2. 评选时间

原则上，成果提交时间为 2016 年 11 月底，评选时间为 2016 年 12 月初，具体时间另行确定。

七、其他内容

1.各单位所提交成果的知识产权将由各单位和组织方共同所有，组织方有权适当修改并统一出版，各单位拥有提交成果的署名权。

2.各单位所需要的基础资源，统一由组织方协调提供。各单位进场调研前 2 周，组织方将提供统一的基础资料文件。另有要求的单位，请及时与组织方联系协商。

3.如有单位因教学要求，需要对树山村所在通安镇进行总体规划调研的，也请及时提出有关要求，由组织方配合协调所需资料。

八、活动组织

组织方：同济大学、中央美术学院、南京大学、浙江大学、东南大学、上海大学、苏州大学、安徽建筑大学、浙江工业大学、苏州科技大学

承办方：苏州科技大学建筑与城市规划学院

协办方：乡村规划建设研究与人才培养协同创新中心

学术支持：中国城市规划学会乡村规划与建设学术委员会

中国城市规划学会小城镇规划学术委员会

联系人：潘斌，苏州科技大学建筑与城市规划学院，电话：××××××××××××

第二届长三角地区高校乡村规划教学方案竞赛工作小组

2016 年 7 月 8 日

成果提交与评选要求

一、成果内容

充分发挥各单位的主观能动性和创造性，仅提出以下规划成果内容的原则性要求，主要包括以下两个层面：

（1）村域规划

应根据任务要求，对树山村的现状及问题进行深入分析，创意性地提出树山村的发展定位和实施策略，并重点基于资源禀赋和发展条件等论证其可行性。

根据地形图或卫星影像图，对于村域现状及发展规划绘制必要图纸，并重点从树山村整体发展的角度，提出有关空间规划方案，包括用地或功能区规划、道路交通规划、生态保护及环境卫生规划用地、重大基础设施和重要公共服务设施规划、村域村容村貌规划交通等主要内容。允许根据发展策划创新图文编制的形式及方法，并附简要说明书。

（2）村庄规划

根据上述有关发展策划和规划，选择具体村庄节点，编制能够体现设计意图的村庄规划设计方案。在选定的村庄规划范围内，根据村庄的建设发展目标和各项控制要求，统筹布局村庄内部的村宅、各项公共设施和公用工程设施、道路、公共活动场地等各项用地，宜提供道路和场地的主要规划竖向控制标高，主要规划经济指标，并绘制规划总平面图。原则上设计深度应达到 1 ： 1000-1 ： 2000，除概念性修建规划图外，还需要其他反映设计意图的规划图纸和必要的说明性文字。

在上述成果内容基础上，鼓励为村民日常使用便利，创新规划成果形式，如村民规约制定或修订、简明挂图等。

二、成果要求

成果鼓励图文并茂，允许不同文件格式。为适应后期出版需要，组织方提供统一图版底图给各参加单位，对各级标题的字号和图版规格进行统一要求，其他排版和字体等不限。具体成果要求如下：

（1）每份提交成果，统一规格的图版文件 4 幅（图幅设定为 A1 图纸，应保证出图精度，分辨率不低于 300dpi。勿留边，勿加框），应为 psd、jpg 等格式的电子文件，或者 Indd 打包文件夹，该成果将用于出版。

（2）每份提交成果，还应另行按照统一规格，制作 2 幅竖版展板 psd、jpg 格式电子文件，或者 Indd 打包文件夹。该成果将统一打印，以便展览用途。

（3）能够展示主要成果内容的 PPT 等演示文件一份，一般不超过 30 张页面。

三、参评要求

（1）每个单位提交的成果不得超过 3 份，每份成果的参与学生不得超过 6 人。

（2）本次活动，重在激发各校师生积极性和研讨交流。因为不采用匿名评比方式，原则上在收集各单位成果后，由组织方邀请各参加单位任课教师及另行邀请的专家组成评选委员会，评出优胜方案给予表彰，并对每个方案给出评审意见。

（3）有关具体方式会在评选前另行公布。

四、提交要求

提交截止时间：网上递交截止到 2016 年 11 月 30 日（周三）24 点。

提交指定邮箱：发送至 ××××××××××××，并在微信群中提醒提交成果信息和联系人方式。工作小组当天将予以验收，所接收文件经专家评审符合竞赛要求的视为有效参赛作品。

五、工作小组

联系地址：江苏省苏州市滨河路 1701 号苏州科技大学建筑与城市规划学院

联系人：潘斌

联系电话：××××××××××××

第二届长三角地区高校乡村规划教学方案竞赛工作小组

2016 年 10 月 31 日

专家评奖议程与结果

一、介绍竞赛情况

二、确认奖项设置

一等奖 1 项；二等奖 2 项；三等奖 4 项。此外，还包括专项奖 4 项，分别为：最佳创新奖、最佳研究奖、最佳表现奖，特别参与奖为西安建筑科技大学颁发。

三、确认评奖规则

采用百分制计分，评分建议分为四部分：

1. 完整（10%）

（1）成果内容是否完整；

（2）是否符合成果提交的要求。

2. 分析（25%）

（1）对树山理解的准确程度；

（2）对自然、社会、经济、历史文化及既有环境中问题与挑战的系统研究分析。

3. 设计（45%）

（1）方案理念的生成是否切题；

（2）方案是否合理解决了相关问题（如人居、旅游、交通、社会交往等）；

（3）方案的空间造型和空间组织能力；

（4）方案的空间艺术特质；

（5）方案的建设可行性。

4. 表达（20%）

图面表达的艺术性和规范性。包括色彩、构图、表达深度和技术语言的规范使用等方面。

四、确定入围名单

通过评分，确认共 7 项入围名单（一、二、三等奖），其他则评为佳作奖。

五、确定一二等奖

专家进行讨论，在 7 项入围名单中确定一等奖 1 项和二等奖 2 项，其他则评为三等奖。

六、评奖结果

第二届长三角地区高校乡村规划教学方案竞赛由苏州科技大学主办，中国城市规划学会乡村规划与建设学术委员会和小城镇规划学术委员会共同支持，乡村规划建设研究与人才培养协同创新中心、通安镇人民政府、苏州新灏农业旅游发展有限公司、苏州乡伴原舍酒店管理有限公司共同承办。

该项赛事的举办，邀请了主要来自长三角地区的同济大学、上海大学、浙江工业大学、安徽建筑大学和苏州科技大学，以及来自西部地区的西安建筑科技大学共六所高校。自 2016 年 8 月底开始，长三角地区各高校由教师带队，以城乡规划专业的本科生为主体组建了 12 支队伍，以树山村为真题开展现场调研并分别编制和提交规划方案。历时三个月，共收到长三角地区参赛高校的 12 份成果，以及参与交流的西安建筑科技大学 3 份成果。

2016 年 12 月 20 日，为了强调规划方案竞赛的共同研究性和全面探讨性，竞赛主办方邀请了政产学研多方面的专家共同组成评审委员会，评审专家组组长为中国城市规划学会乡村规划与建设学术委员会主任委员，同济大学建筑与城市规划学院副院长张尚武教授，评审专家包括苏州科技大学建筑与城市规划学院党委书记王雨村副教授、江苏省城镇与乡村规划设计院赵毅副院长、苏州高新区规划局刘文斌副局长、苏州新灏农业旅游发展有限公司陆炼副总经理。

为了确保评审的公平性，该项赛事的评审环节采用了完全匿名评审的形式，经过长达 3.5 小时的投票、点评、评分三轮评审，评审委员会认真审议并选出一等奖 1 名，二等奖 2 名，三等奖 4 名，以及佳作奖 5 名。此外，还评选出最佳创意奖、最佳研究奖、最佳表现奖各 1 名，以及特别参与奖 3 名。具体结果如下：

一等奖：农创谷（同济大学）

二等奖：旅·筑·归（苏州科技大学）

　　　　乡·嵌田园（苏州科技大学）

三等奖：禅树（浙江工业大学）

　　　　树不言归，山待人回（安徽建筑大学）

　　　　溯山学堂（同济大学）

　　　　我们的树山（同济大学）

佳作奖：以退为进、悠然栖居（同济大学）

　　　　圌宿（上海大学）

　　　　脉通人合（安徽建筑大学）

　　　　树梦归山（浙江工业大学）

　　　　和美·树山（苏州科技大学）

　　　　最佳创意奖：禅树（浙江工业大学）

　　　　最佳研究奖：树不言归，山待人回（安徽建筑大学）

　　　　最佳表现奖：以退为进、悠然栖居（同济大学）

　　　　特别参与奖：西安建筑科技大学提交的 3 个方案

参赛作品

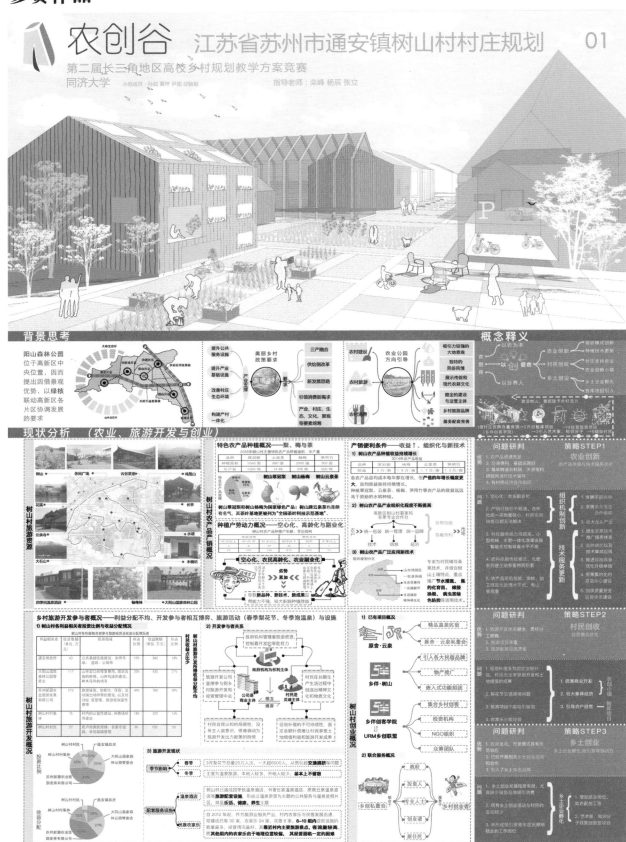

农创谷 江苏省苏州市通安镇树山村村庄规划 01

第二届长三角地区高校乡村规划教学方案竞赛
同济大学 小组成员：孙妮 黄晔 尹瑞 邱毅敏 指导老师：栾峰 杨辰 张立

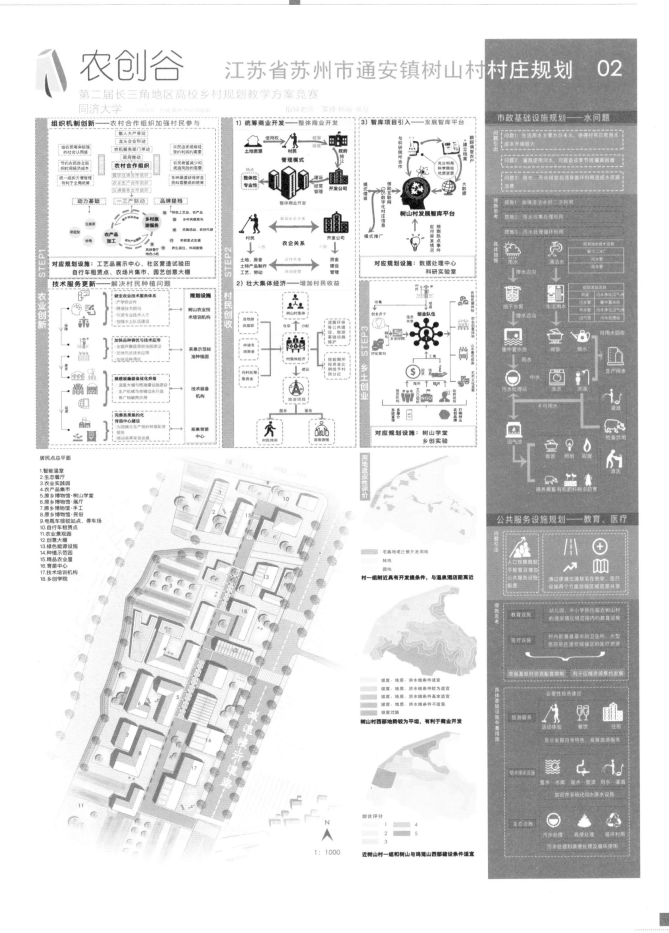

农创谷

江苏省苏州市通安镇树山村村庄规划 02

第二届长三角地区高校乡村规划教学方案竞赛

同济大学

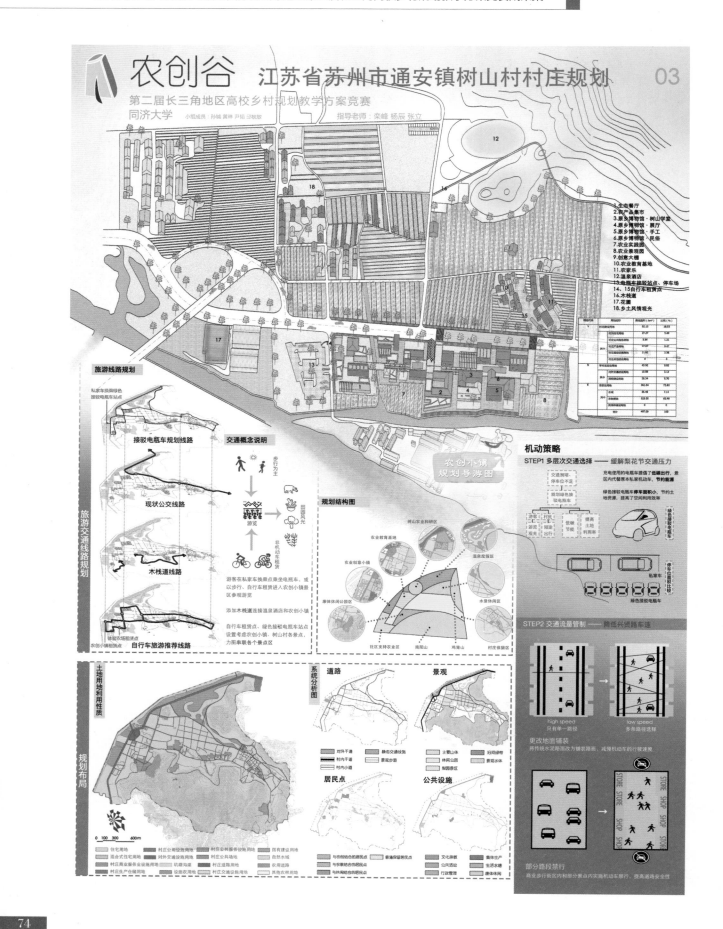

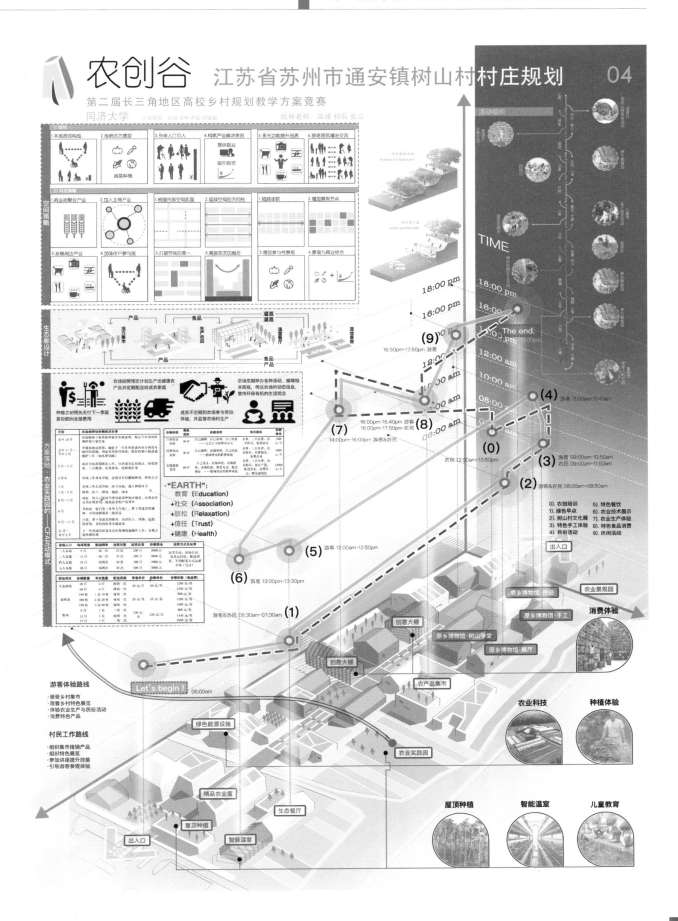

江苏省苏州市通安镇树山村村庄规划

第二届长三角地区高校乡村规划教学方案竞赛

旅·筑·旧
——多元利益主体自主营造体系下的树山村生态旅游更新设计

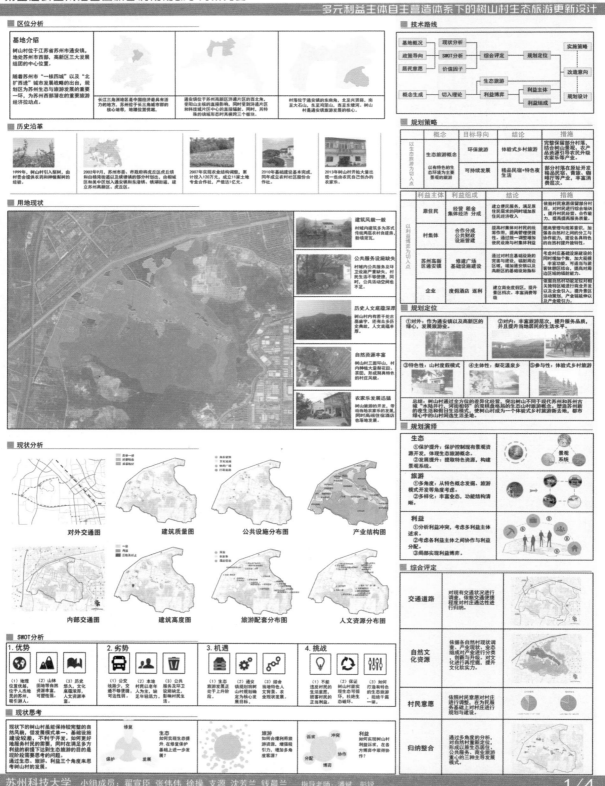

■ 区位分析

基地介绍

树山村位于江苏省苏州市通安镇，地处苏州市西部，高新区三大发展组团的中心位置。

随着苏州市"一核四城"以及"北扩西进"城市发展战略的出台，规划区为苏州生态与旅游发展的重要一环，为苏州西部潜在的重要旅游经济拉动点。

■ 历史沿革

■ 用地现状

建筑风貌一般
公共服务设施缺失
历史人文底蕴深厚
自然资源丰富
农家乐发展迅猛

■ 现状分析

对外交通图　建筑质量图　公共设施分布图　产业结构图

内部交通图　建筑高度图　旅游配套分布图　人文资源分布图

■ SWOT分析

1. 优势　2. 劣势　3. 机遇　4. 挑战

■ 现状思考

■ 技术路线

■ 规划策略

概念	目标导向	结论	措施
生态旅游概念	环保旅游	体验式乡村旅游	完整保留部分村落，结合资源引导各农户发展农家乐产业。
	可持续发展	精品民宿+特色夜生活	部分村落在原址开发精品民宿、青旅、咖啡厅等产业，丰富消费层次。

利益主体	利益组成	结论	措施
原住民	经营 租金 集体经济 分成		
村集体	合作分成 公共财政 设施管营		
苏州高新区通安镇	修建广场 基础设施建设		
企业	度假酒店 返利		

■ 规划定位

■ 规划演绎

生态
旅游
利益

■ 综合评定

交通道路	
自然文化资源	
村民意愿	
归纳整合	

江苏省苏州市通安镇树山村村庄规划

第二届长三角地区高校乡村规划教学方案竞赛

旅·筑·归
——多元利益主体自主营造体系下的树山村生态旅游更新设计

■ 村域平面图

■ 用地性质

■ 用地平衡表

■ 规划分析

规划结构

功能分区

景观结构

山林绿地
农林绿地
景观轴线
村落景观
分区景观
自行车游览环
山体辐射绿带

公共设施

道路交通

线路规划

商业设施
休闲广场
行政设施
文化设施

城市干道
主干道
次干道
游步道

生活路线
旅游路线

■ 生态结构分析

01 生态斑驳点-村庄主要包括虎窠里等在内的村镇建设用地。

02 生态斑驳点-池塘规模较小，点状分布，延伸生境。

03 生态廊道图-河流花溪与其他水渠形成的水系廊道。

04 生态基质图-农田成片的梨花田生成的生态基质。

05 生态基质图-山体大阳山和鸡笼山形成自然的山林基质。

06 生态研判图-综合综合考虑，系统生成树山村的生态体系。

■ 利益分析

宅+居

宅+居+商

宅+商

■ 活跃时刻分析

10:00AM

03:00PM

08:00AM

■ 村域鸟瞰图

江苏省苏州市通安镇树山村村庄规划

第二届长三角地区高校乡村规划教学方案竞赛

旅·筑·归
——多元利益主体自主营造体系下的树山村生态旅游更新设计

江苏省苏州市通安镇树山村村庄规划

第二届长三角地区高校乡村规划教学方案竞赛

旅·筑·旧

——多元利益主体自主营造体系下的树山村生态旅游更新设计

■ 方案鸟瞰图

环境空间节点小透视

居住空间节点小透视

公共空间节点小透视

商业空间节点小透视

■ 立面分析

■ 院落更新改造分析

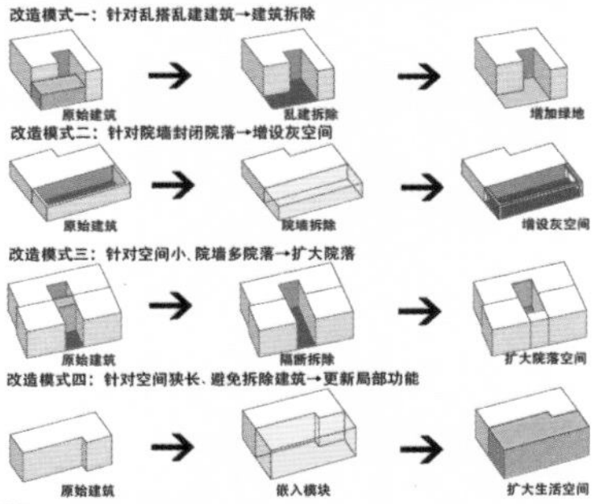

改造模式一：针对乱搭乱建建筑→建筑拆除

改造模式二：针对院墙封闭院落→增设灰空间

改造模式三：针对空间小、院墙多院落→扩大院落

改造模式四：针对空间狭长、避免拆除建筑→更新局部功能

■ 玻璃廊道主题街分析

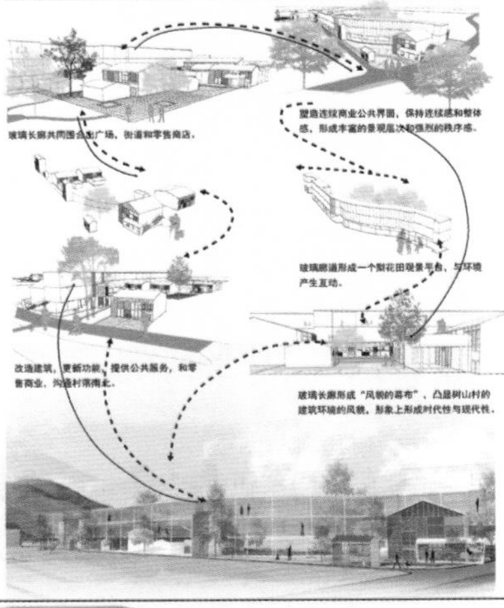

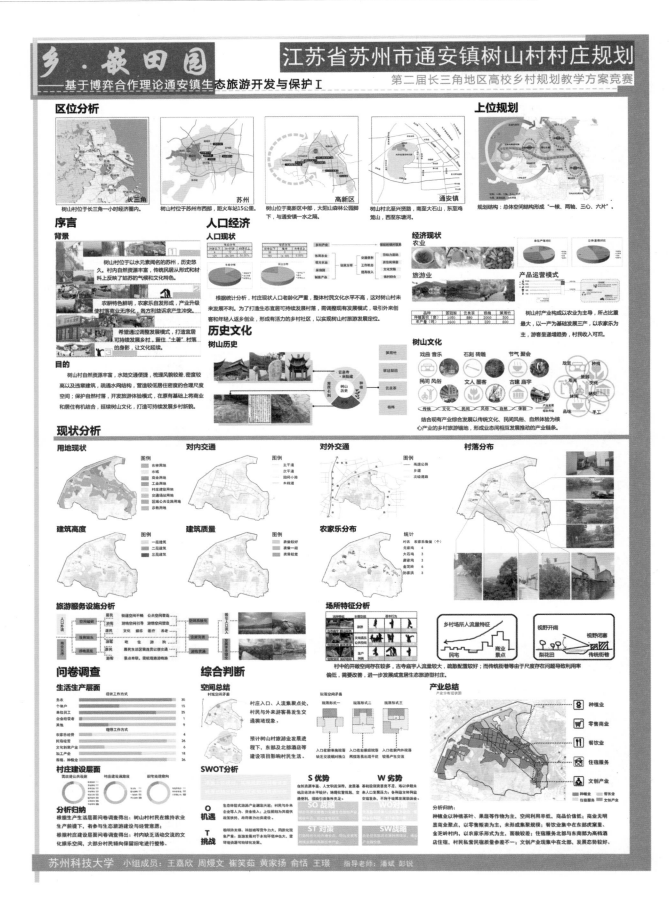

乡·嵌田园
——基于博弈合作理论通安镇生态旅游开发与保护 I

江苏省苏州市通安镇树山村村庄规划
第二届长三角地区高校乡村规划教学方案竞赛

乡·嵌田园

—— 基于博弈合作理论通安镇生态旅游开发与保护Ⅱ

江苏省苏州市通安镇树山村村庄规划

第二届长三角地区高校乡村规划教学方案竞赛

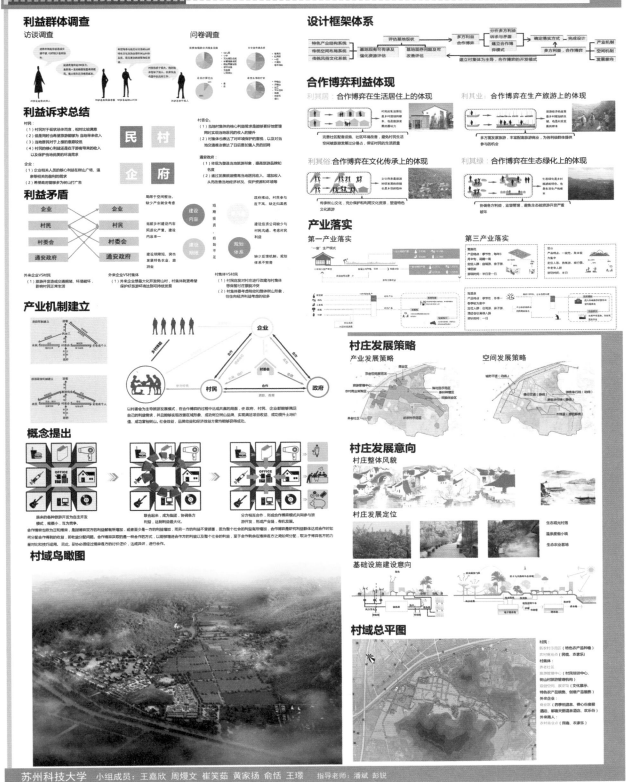

苏州科技大学　小组成员：王嘉欣 周熳文 崔笑茹 黄家扬 俞恬 王璟　指导老师：潘斌 彭锐

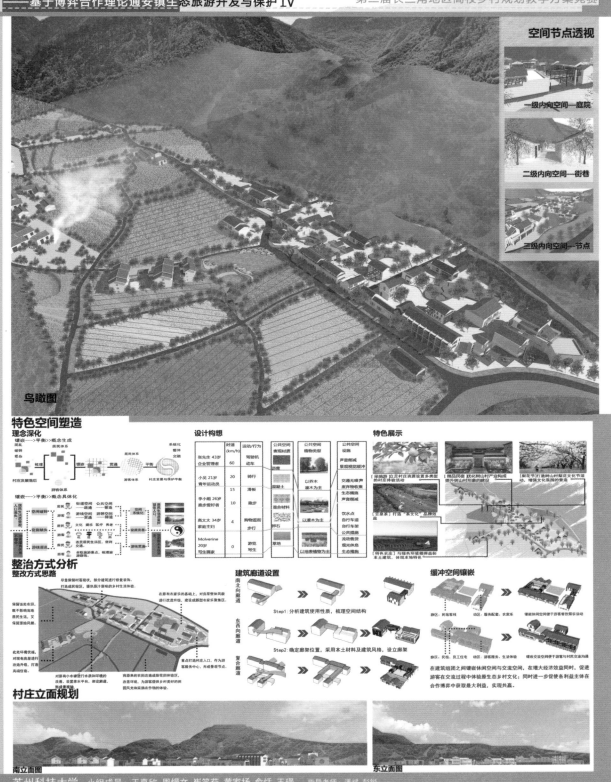

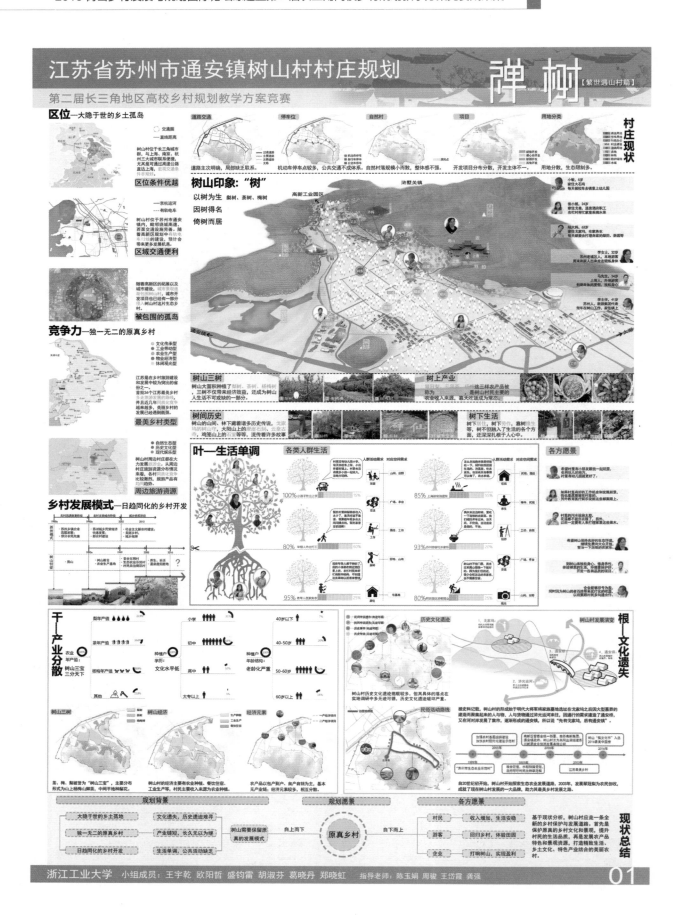

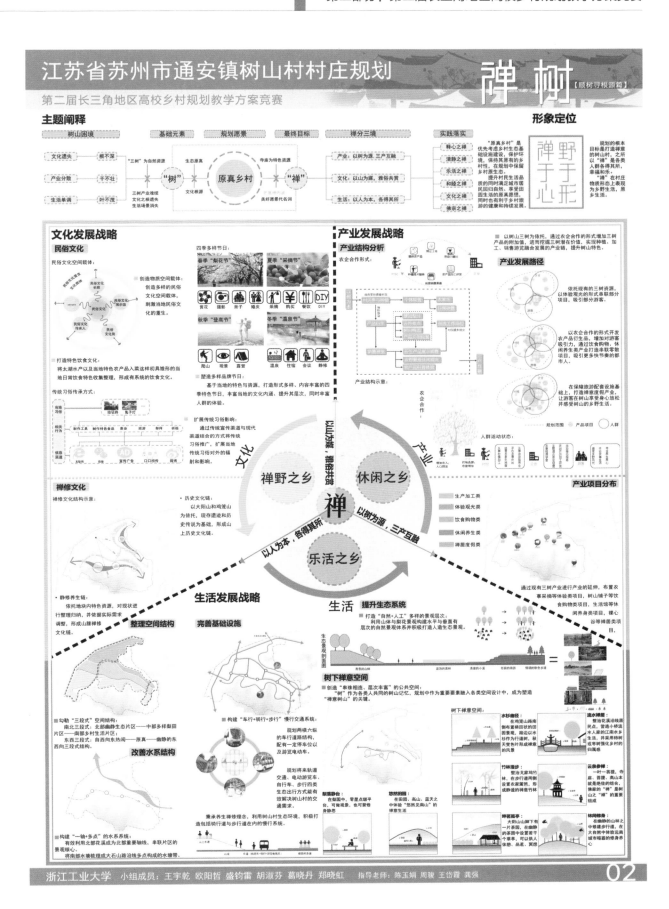

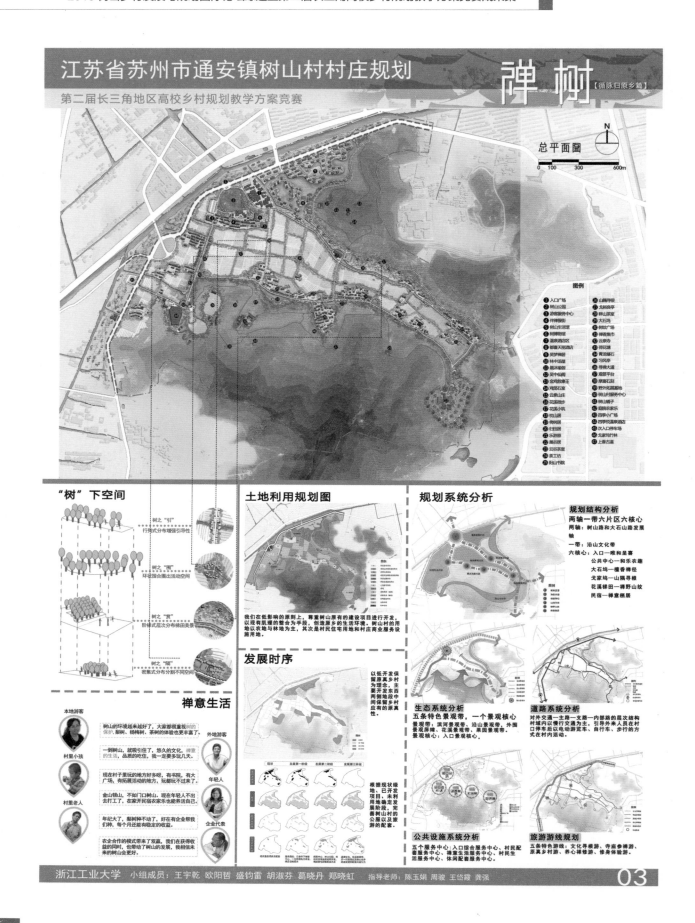

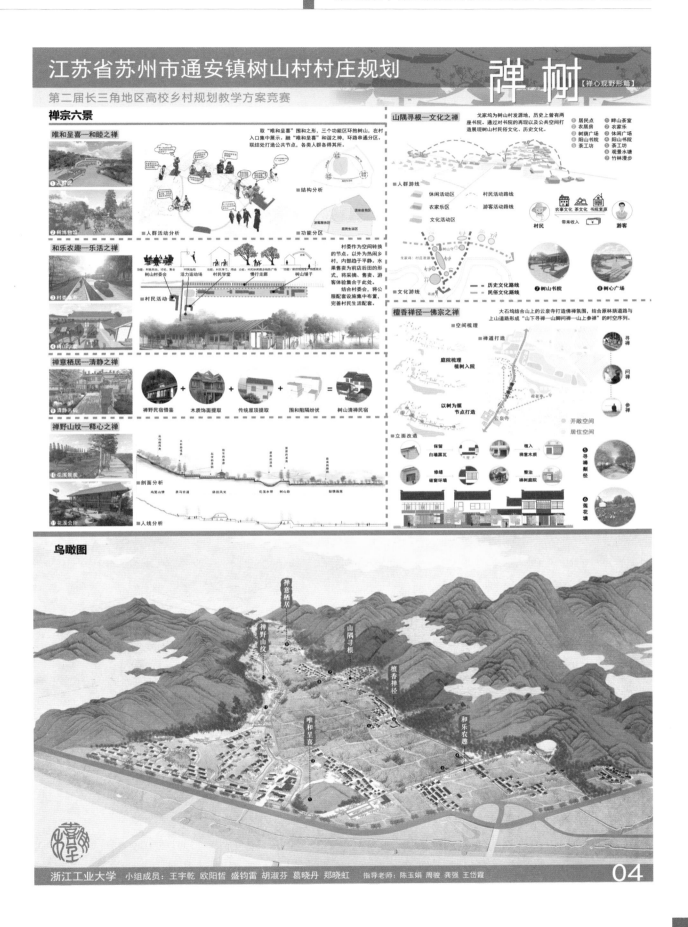

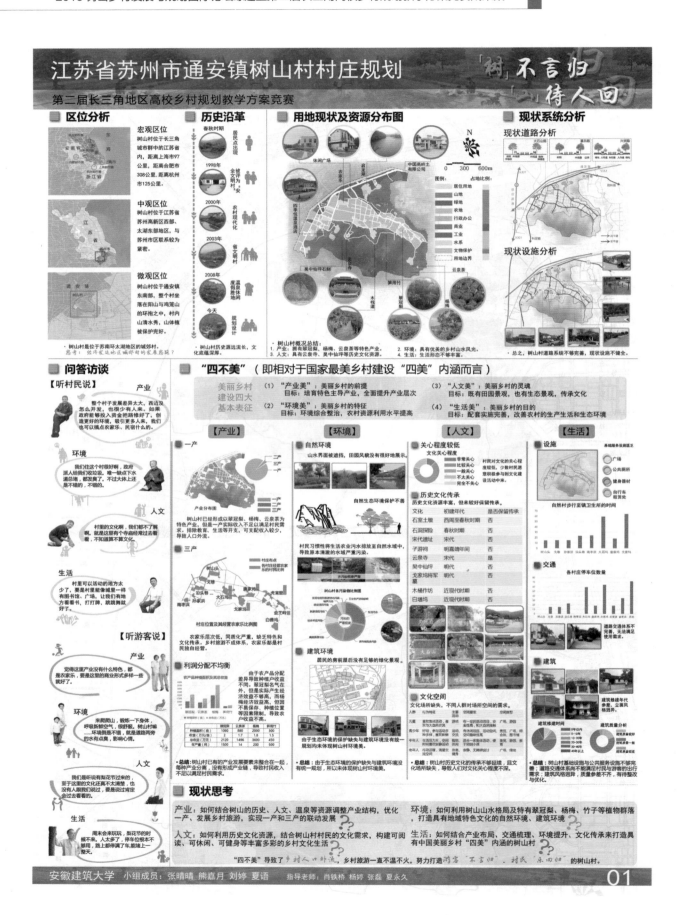

江苏省苏州市通安镇树山村村庄规划

第二届长三角地区高校乡村规划教学方案竞赛

安徽建筑大学　小组成员：张晴晴 熊嘉月 刘婷 夏语　指导老师：肖铁桥 杨婷 张磊 夏永久

江苏省苏州市通安镇树山村村庄规划

第二届长三角地区高校乡村规划教学方案竞赛

「树」不言归
「人」待人回

主题阐释

樹 → "树"山村 → 特色民宿 → 游客家园 + 美景美食

为游客打造具有"四美"特征的树山村，提供轻松闲适的旅游环境；拓展丰富充实的实践活动；营造出美别致的乡间景色；更新独具特色的农家民宿，吸引游客接踵而至，乐不思蜀。

不言归

景观环境

山 → 生态农业 → 树"山"村 → 村民家园 + 收入提升

为村民构建具有"四美"特征的树山村，优化产业结构，完善基础服务设施，延续历史文化传承，创造宜人的生活环境，唤回外出人员的返乡创业与生活，实现就地城镇化。

待人回

文化传承 → 宜人民居 → 产业优化

发展定位

长三角地区具有乡村文化内涵的休闲度假村

发展定位 → 四美

1.产业：结合树山的历史、人文、温泉等资源调整产业结构，优化一产，发展三产的联动发展。

2.环境：如何利用树山山水格局及特有景物要素——杨梅、竹子等植物要素；打造具有高雅品味的文化景观。

3.人文：利用历史文化资源，结合树山村的文化脉络，建可游览、可体验、可锻炼等丰富多彩的乡村历史文化。

4.生活：结合产业布局、文化通过梳理、环境提升、文化传承来打造具有中国美与"四美"内通的树山村。

一产之美—1+3产联动发展

民俗旅游 提升文化品位

农家乐升级 食、住、文化

产业作坊 聚集人气活力

1+3产联动发展

三产之美—农家乐升级

A.立面改造
B.合作社经营
C.互联网+农家乐

在村民家中体验农产品加工

农家乐功能定位图

利润分配之美—均衡产业利润分配

村民成立农家乐合作社，通过经营农家乐提高村民收入。外来打工者与村民合作经营农家乐，增加打工收入，同时改造村民住房。

合作社获得的劳动力和村民支持，有助于推进农家乐旅游项目吸引更多游客，实现"薄利多销"。

"一村一品"战略

山水之美—营造连续完整的山水界面

将乡村景观"景观生态化"，设置最高塔，和通畅的视觉景观道等手段解决问题。

营造手段	景观意象	意象图
具有较高的观景点	利用地块、建筑、构筑物等形成一定高差，且用以航拍时可达到比美鸟的观景点	
设置通畅的景观通道	掌管设置通道、杭步利用小径等利用栽规划设成良好系统空间营造连续的景观道	
挖土堆山	挖土堆山营造高景观视点	

以树山路界面为例：

树山路通往的重要主题，其主要问题门通制约到行人投诉，减以改善美貌。

制造较高景观点—景观塔

设计通畅的观景廊道—让游客享受连续的山水界面

建筑之美—丰富建筑四周的绿化景观

丰富建筑界面 / 景观植入 / 空间协调 / 节点景观

水系之美—生态水系改造

多层次生态农业圈

水体通过生态滞留汇入池 / 水渠抽水用于灌溉

宅基地 农宅 生态水库 农田

景观之美—乡村文化与景观融合

产业 / 环境 / 生活 / 人文 "四美"发展策略

设施之美—设施升级

依托历史风貌建筑发展文化创意空间，提供更多的就近就业机会，创造包容、有活力的村落。

构建多样化、无所不在的健身休闲空间，从基础健身到文化娱乐覆盖各个年龄阶段。

提高住房成套率，房屋外部设施改造，改造新建过程中注重对原有历史特色的保护和延续。

公共空间微改造，对使用状况较差的广场、绿地、街道界面上设计，使其转化为积极有活力的空间。

路宽与道路功能相适应，强调慢行优先。利用公共绿地、低效空置用地等增加适量停车位。

卫生所 / 图书馆 / 小型超市 / 幼儿园 / 养老设施 / 家 / 创意空间 / 小学 / 儿童游乐园 / 公园 / 行政设施 / 文化体育设施

30分钟生活圈

交通之美—道路提升

生态停车场
自行车租赁点

自行车租赁点与停车场的合理布局，促进慢行交通的持续和发展。

断头路的疏通与道路绿化的完善，打造可持续发展的道路网络系统。

建筑之美—建筑整改

元素提取 → 优化 → 融合

文化塑造项目分布图

项目类型：历史文化类 / 生产文化类 / 生活文化类

文化项目的塑造包括树山历史文化塑造以及生活人文的塑造，历史文化通过"记忆追寻"进行塑造，生活人文通过文化场所空间、产业、建筑、道路展开，构建丰富多彩的乡村历史文化生活。

人文历史	消失空间	记忆追寻
	石家土祠，保留较完整的暮碑旧室。	空间保留活力重生
	宋代遗址及茶场闻童堂、设	物质保留功能转换
	吴中仙桥保留较好，但人气不高。	对空间开放空间、道路进行改造，增添人文
	木棚作坊苏州传统的箍桶技艺已不多了。	活力改造
	白墙坞位开采白垩的主矿区不复存在了。	空间保留功能转换

发展策略：

1.通过良好文化空间的重新修建，使文化资源产业化。
2.加强政府力度，村委会组织在村中宣传文化，并加强互联网的宣传力度。
3.在建筑风貌、环境整治、生态保护上体现树山村的精髓文化。

生活文化与历史文化的整合

历史文化滋转 / 服务设施 / 旅游文化体系 / 文化系统 / 居民生活系统 / 管理系统

物质需求 / 精神需求 → 功能间的组合渗透 → 混合+渗透

田园风光控制

辅助要素：含要素 / 湖要素 / 塘要素 / 路要素 / 梅要素 / 竹要素 / 茶要素

田园风光控制

泉要素 / 山要素 / 梨要素 → 核心要素

要素提取：针对树山村映象，逐一拆解并提取出"山、泉、梨、竹、梅、茶、塘、湖、含、路"十大要素。

文化让树山更精彩
创意让生活更美好
规划让城镇更美好

规划前后对比

【产业】
规划前产值对比

一产 / 三产

经过规划设计，使得产业总体大幅度提高，三产收益比重超过一产比重。

【环境】

	规划前	规划后
空间	空间形态单一	空间形态丰富
水系	水系不显著	水系连贯
建筑	建筑的风貌破旧	加入村落元素

经过规划，村庄面貌焕然一新。

【人文】

	规划前	规划后
历史文化	文化传承差	保留修缮好
生活文化	文化场所少	文化场所丰富

规划设计后，村庄过上了丰富多彩的乡村文化生活。

【生活】
各类设施规划前后数量对比

交通设施 / 环卫设施 / 公共服务设施 / 基础设施

规划设计后，各类设施数量和质量都有所提高，村民生活更加美好。

美丽乡村建设时间表

树山建设美丽乡村时刻表

国家果美好 / 国家美好

2016年 2020年 2030年

经过规划，预计树山村将于2020年达到国家美丽标准，2030年左右达到美好乡村建设标准。

·国家美丽乡村建设标准：为了实现党的十八大提出的建设"美丽中国"的目标而作，将成是各地美丽乡村建设的总结，成果进行标准化，使得美丽乡村建设从一个宏观的方向性概念转化为可操作的工作实施。

·国家美好乡村建设标准：符合"四美"标准，对美丽乡村建设具有描绘和引作用，为美好乡村建设与发展提供新的时代契机。

02

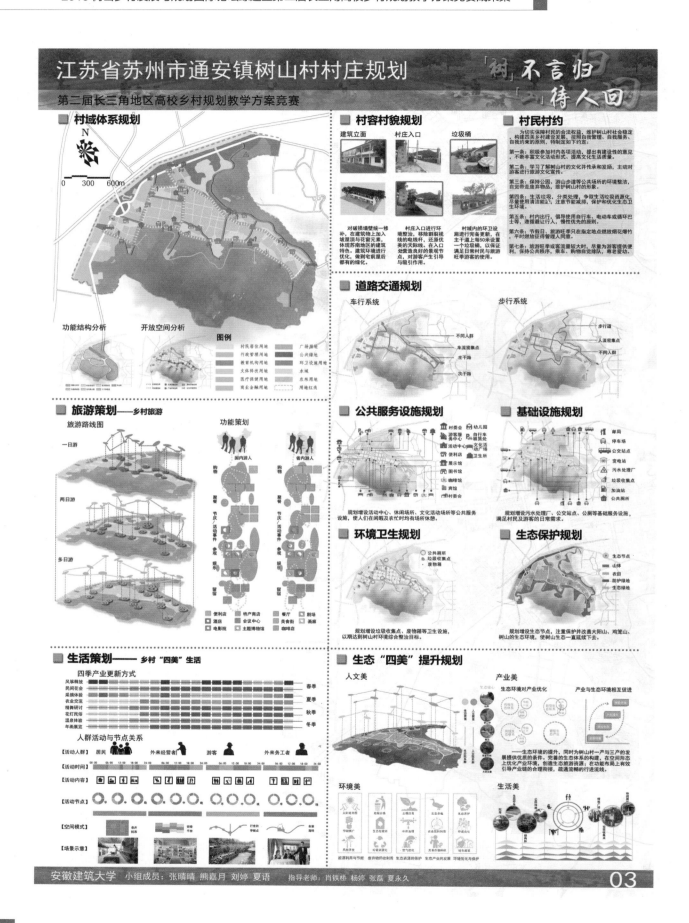

江苏省苏州市通安镇树山村村庄规划

「树」不言归
「山」待人回

第二届长三角地区高校乡村规划教学方案竞赛

村域体系规划

功能结构分析   开放空间分析

图例

旅游策划——乡村旅游

旅游路线图   功能策划

一日游
两日游
多日游

村容村貌规划

建筑立面   村庄入口   垃圾桶

对破损墙壁统一修补，在建筑物上加入坡屋顶与花窗元素，体现苏南地区的建筑特色。建筑环境进行优化，做到村前屋后都有的绿化。

对村庄入口进行环境整治，移除割裂视线的电线杆，还原优美的天际线，在入口处置造良好的景观节点，对游客产生引导与吸引作用。

村庄内的环卫设施进行完备更新，在主干道上每50米设置一个垃圾桶，以保证满足日常村民与旅游旺季游客的使用。

村民村约

为切实保障村民的合法权益，维护树山村社会稳定，构建四美乡村建设发展，按照自我管理、自我服务、自我约束的原则，今特制定如下约定：

第一条：积极参加村内各项活动，提出有建设性的意见，不断丰富文化活动形式、提高文化生活质量。

第二条：学习了解树山村的文化并传承和发扬，主动对游客进行旅游文化宣传。

第三条：保护公园、游山步道等公共场所的环境整洁，自觉停走废弃物品，维护树山村的形象。

第四条：生活垃圾，分类处理，争取生活垃圾资源化，尽量使用清洁能源，注意节能减排，保护和优化生态环境。

第五条：村内出行，倡导使用自行车、电动车或循环巴士等，遵循避让行人、慢性优先的原则。

第六条：节假日、旅游旺季只在指定地点燃放烟花爆竹，平时则放依征得管理同意。

道路交通规划

车行系统   步行系统

公共服务设施规划

规划增设活动中心、休闲场所、文化活动场所等公共服务设施，使人们在闲暇及农忙时均有场所休憩。

基础设施规划

规划增设污水处理厂、公交站点、公厕等基础服务设施，满足村民及游客的日常需求。

环境卫生规划

规划增设垃圾收集点、废物箱等卫生设施，以期达到树山村环境综合整治目标。

生态保护规划

规划增设生态节点，注重保护并改善大阳山、鸡笼山、树山的生态环境，使树山生态一直延续下去。

生活策划——乡村"四美"生活

四季产业更新方式

人群活动与节点关系

生态"四美"提升规划

人文美   产业美

环境美   生活美

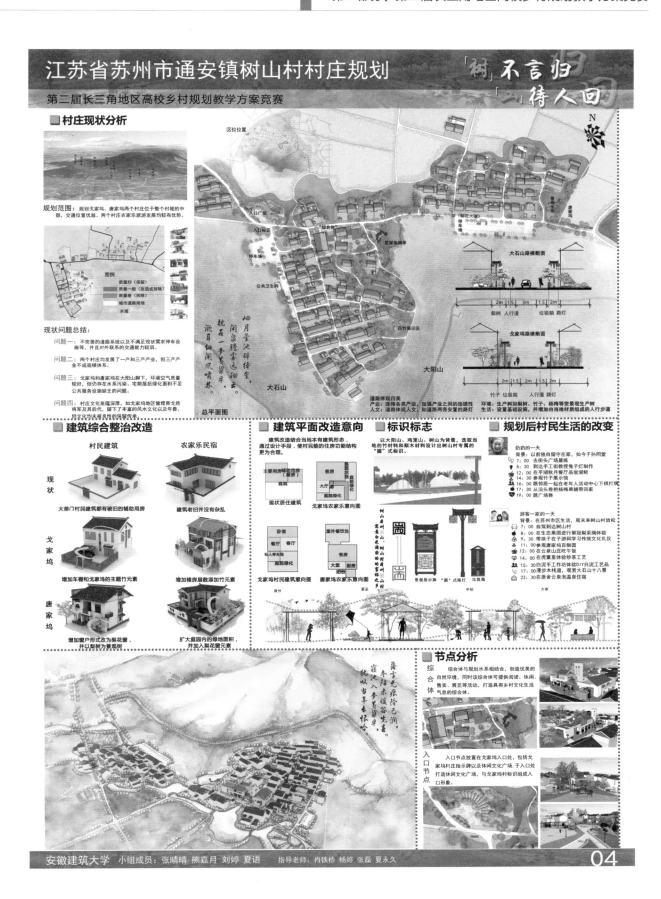

江苏省苏州市通安镇树山村村庄规划

「树」不言归 「山」待人回

第二届长三角地区高校乡村规划教学方案竞赛

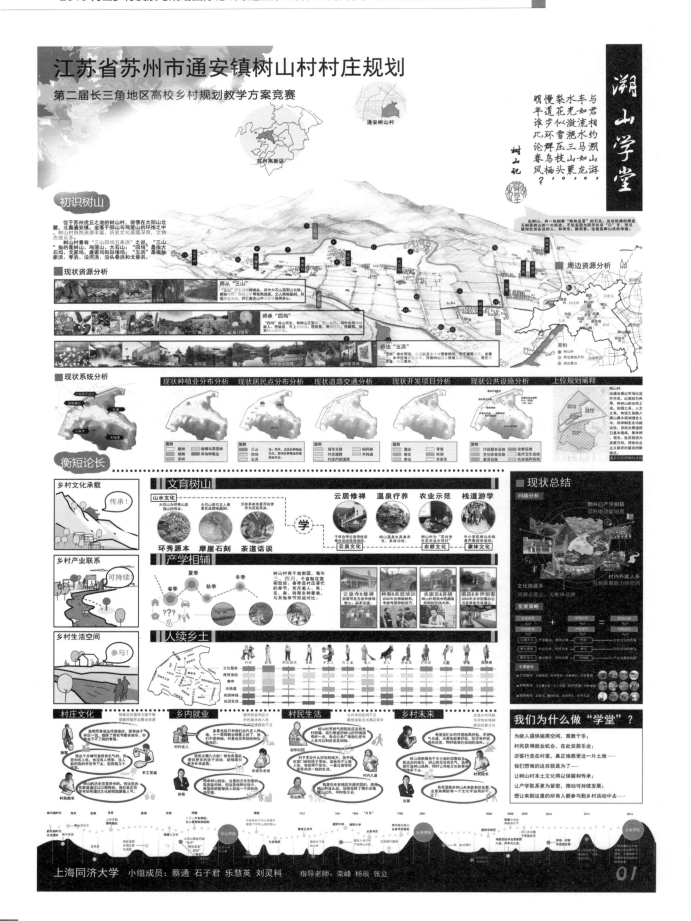

江苏省苏州市通安镇树山村村庄规划

第二届长三角地区高校乡村规划教学方案竞赛

江苏省苏州市通安镇树山村村庄规划

第二届长三角地区高校乡村规划教学方案竞赛

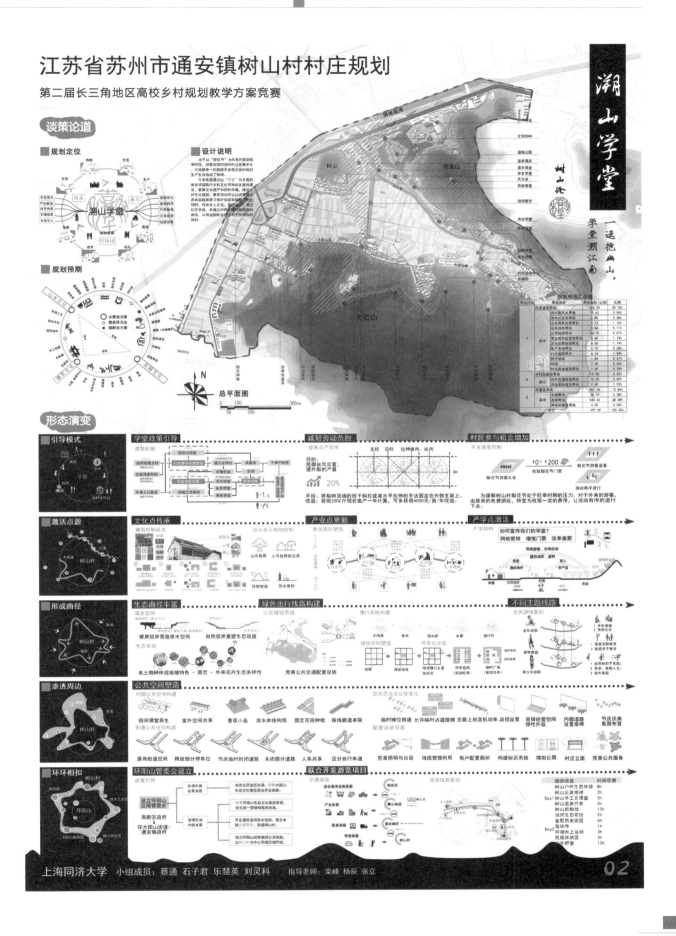

江苏省苏州市通安镇树山村村庄规划

第二届长三角地区高校乡村规划教学方案竞赛

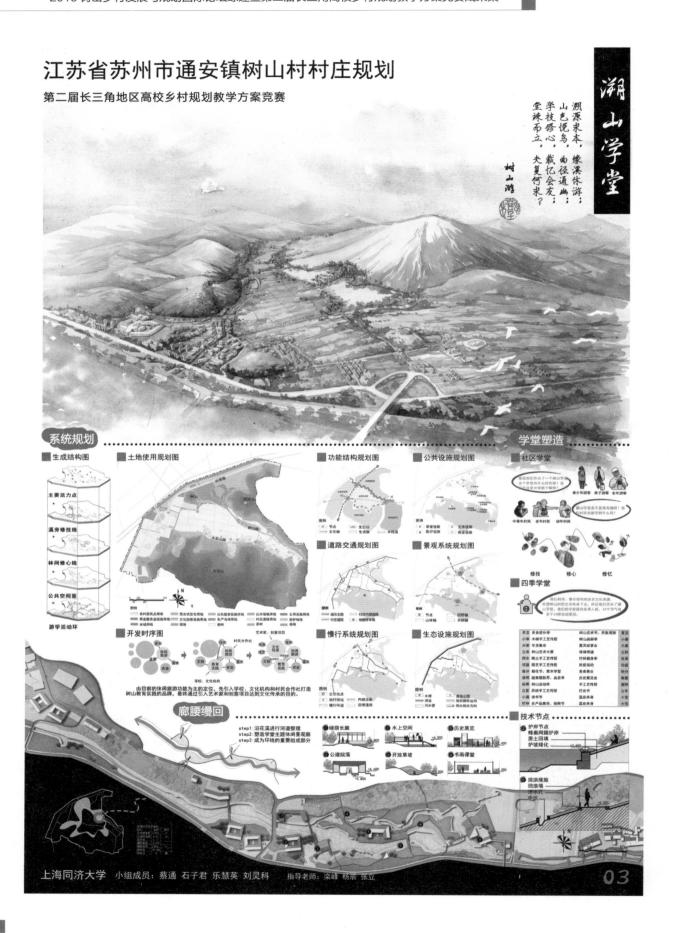

江苏省苏州市通安镇树山村村庄规划

第二届长三角地区高校乡村规划教学方案竞赛

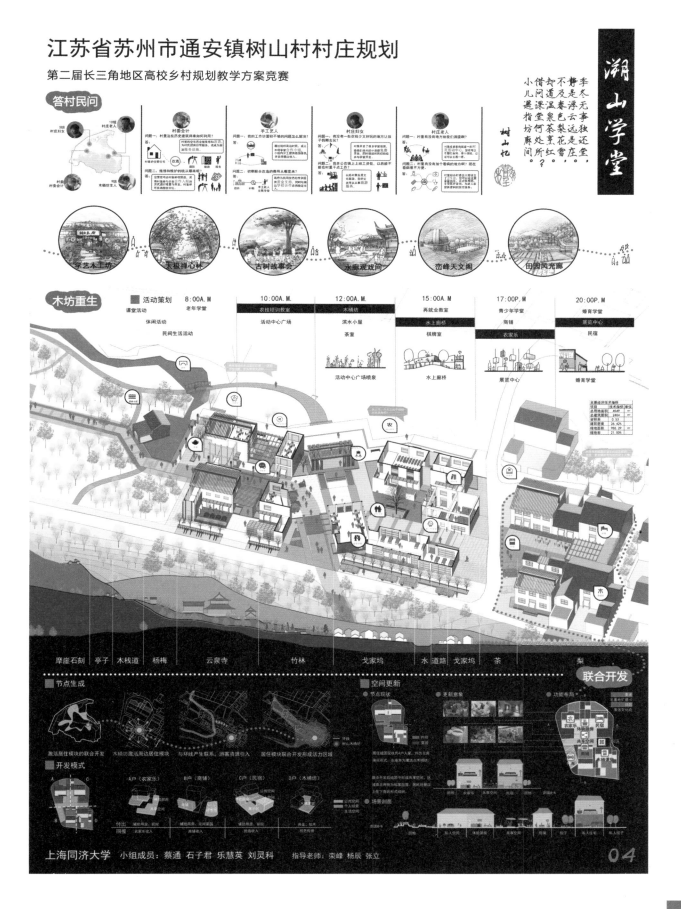

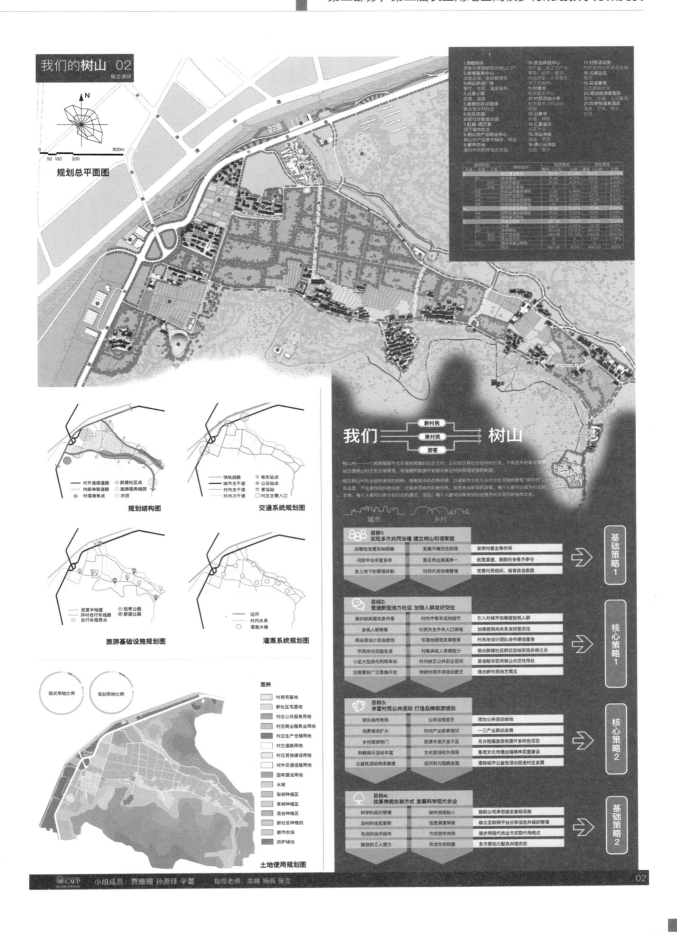

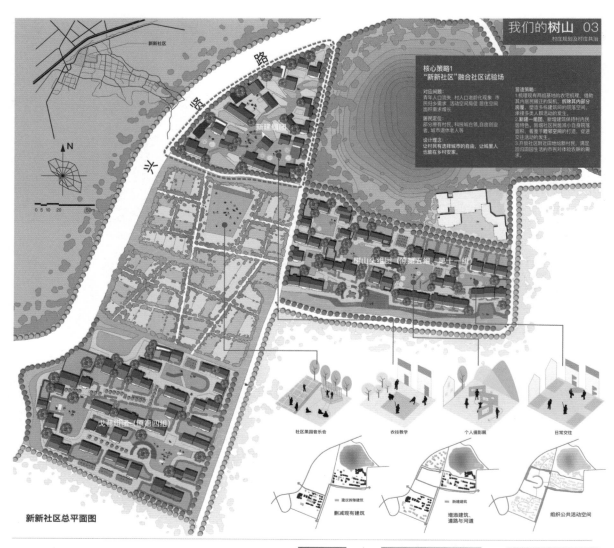

新新社区总平面图

我们的树山 03
村庄规划及村庄共治

核心策略1
"新新社区"融合社区试验场

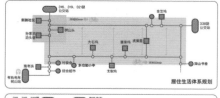
居住生活体系规划

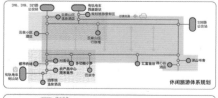
休闲旅游体系规划

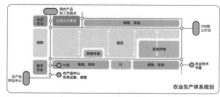
农业生产体系规划

规划设计导则

基础策略1：村庄管理制度优化

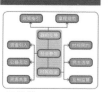
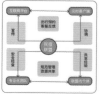
村庄共治思路

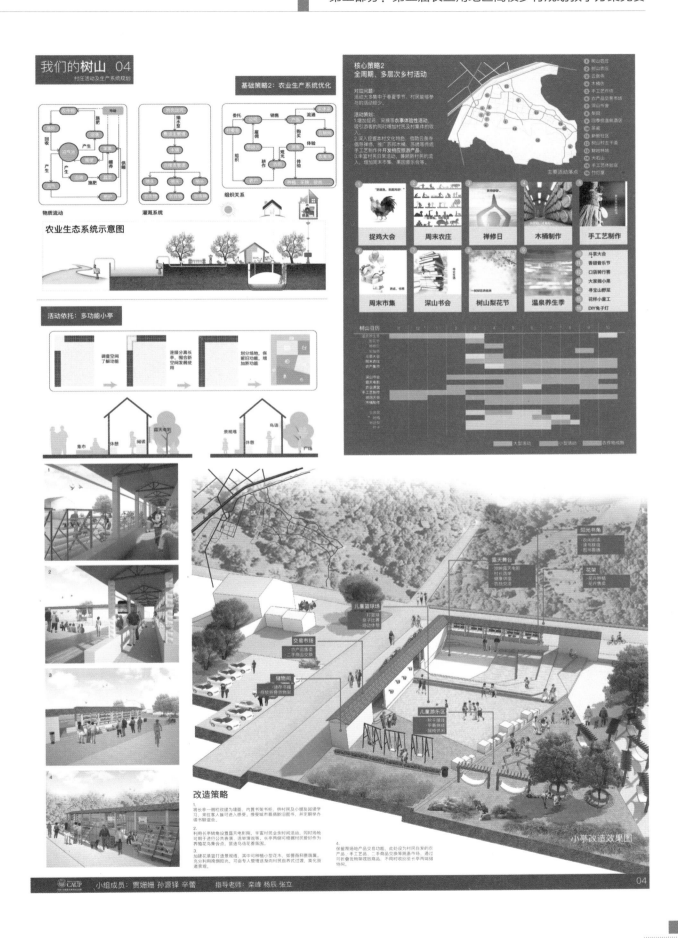

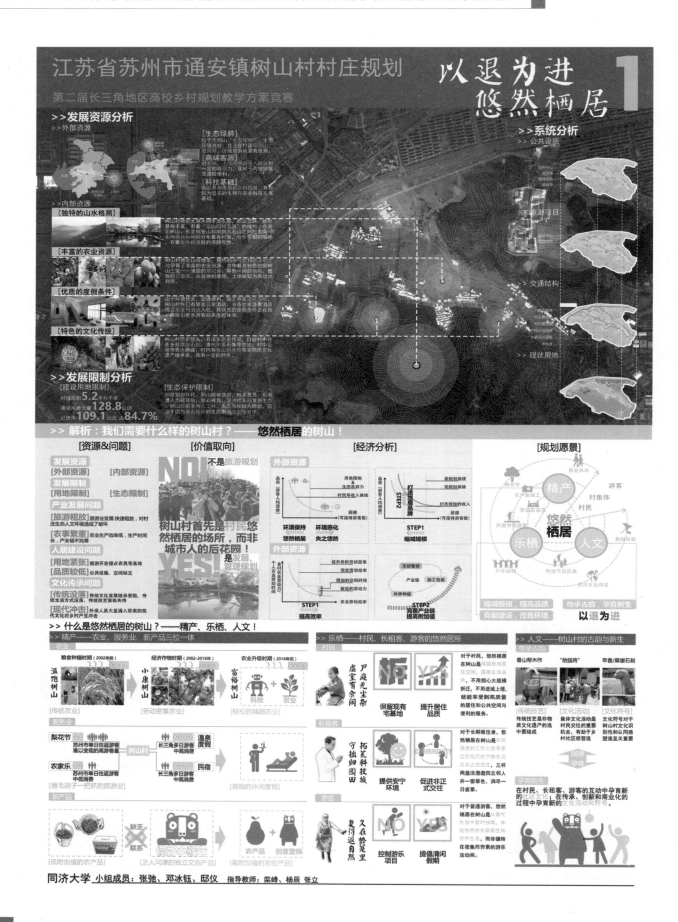

江苏省苏州市通安镇树山村村庄规划

第二届长三角地区高校乡村规划教学方案竞赛

以退为进 悠然栖居 2

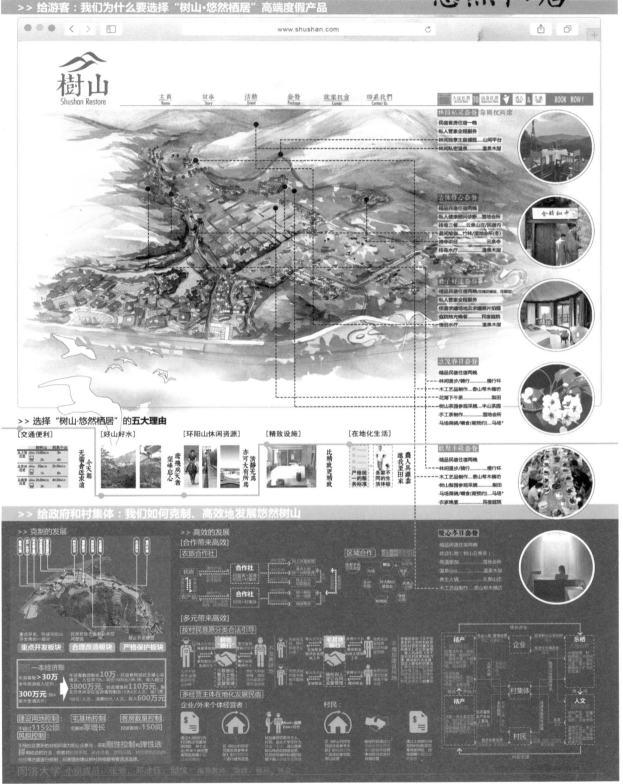

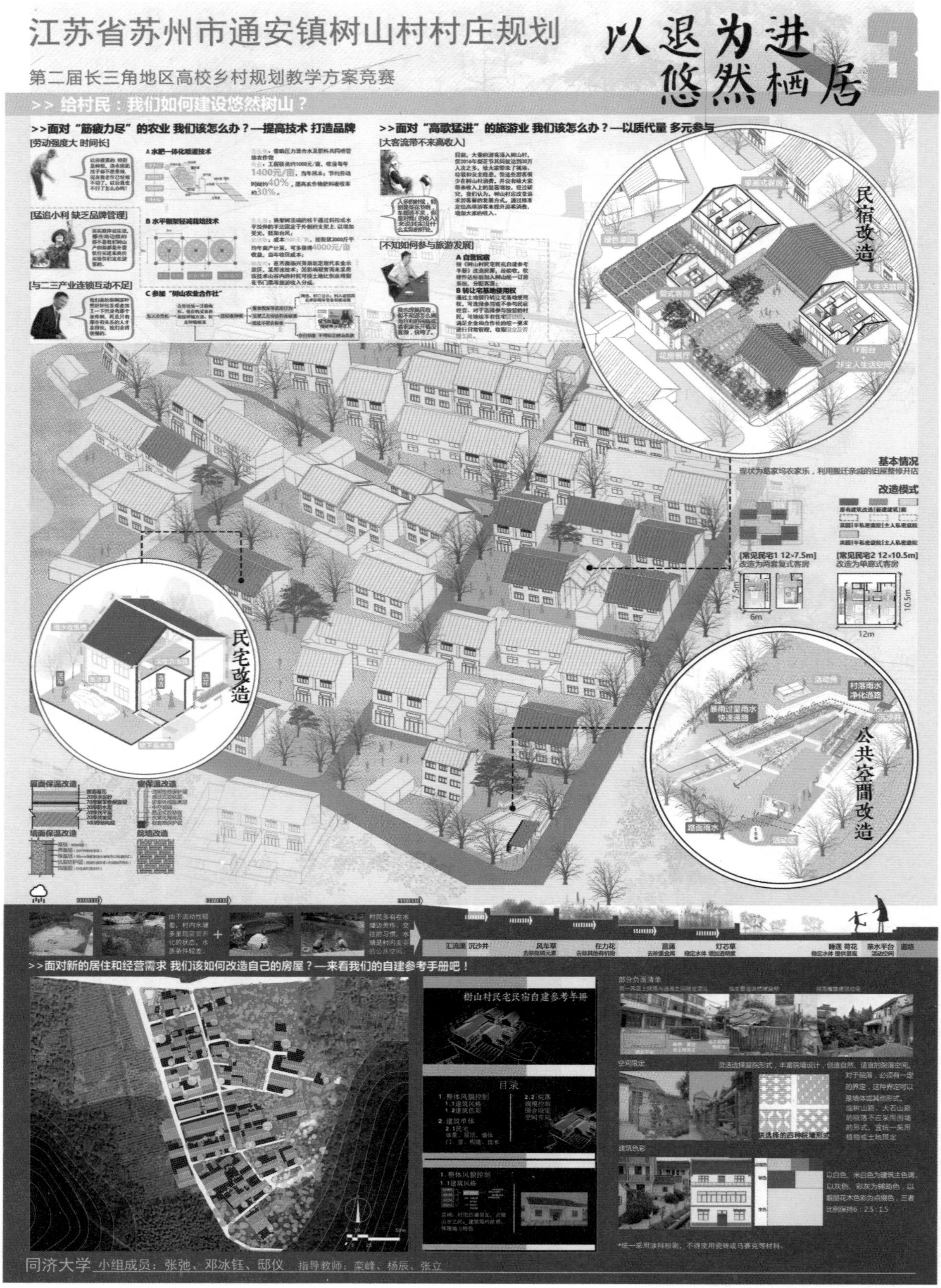

江苏省苏州市通安镇树山村村庄规划
第二届长三角地区高校乡村规划教学方案竞赛
以退为进
悠然栖居
3
>> 给村民：我们如何建设悠然树山？
>>面对“筋疲力尽”的农业 我们该怎么办？—提高技术 打造品牌
[劳动强度大 时间长]
A 水肥一体化喷灌技术
[猛追小利 缺乏品牌管理]
B 水平棚架轻减栽培技术
[与二三产业连锁互动不足]
C 参加“树山农业合作社”
>>面对“高歌猛进”的旅游业 我们该怎么办？—以质代量 多元参与
[大客流带不来高收入]
[不知如何参与旅游发展]
A 自营民宿
B 转让宅基地使用权
民宿改造
民宅改造
公共空间改造
基本情况
改造模式
[常见民宅1 12×7.5m]
改造为两套复式客房
[常见民宅2 12×10.5m]
改造为单廊式客房
屋面保温改造
窗保温改造
墙面保温改造
院墙改造
汇流渠
沉沙井
风车草
在力花
菖蒲
灯芯草
睡莲
荷花
亲水平台
>>面对新的居住和经营需求 我们该如何改造自己的房屋？—来看我们的自建参考手册吧！
树山村民宅民宿自建参考手册
目录
部分负面清单
空间限定
建筑色彩
同济大学 小组成员：张弛、邓冰钰、邸仪 指导教师：栾峰、杨辰、张立

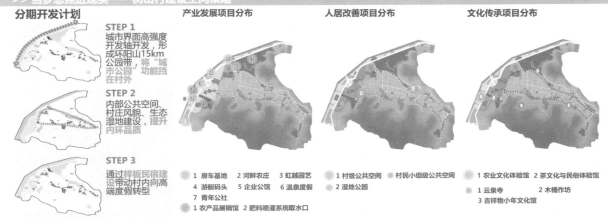

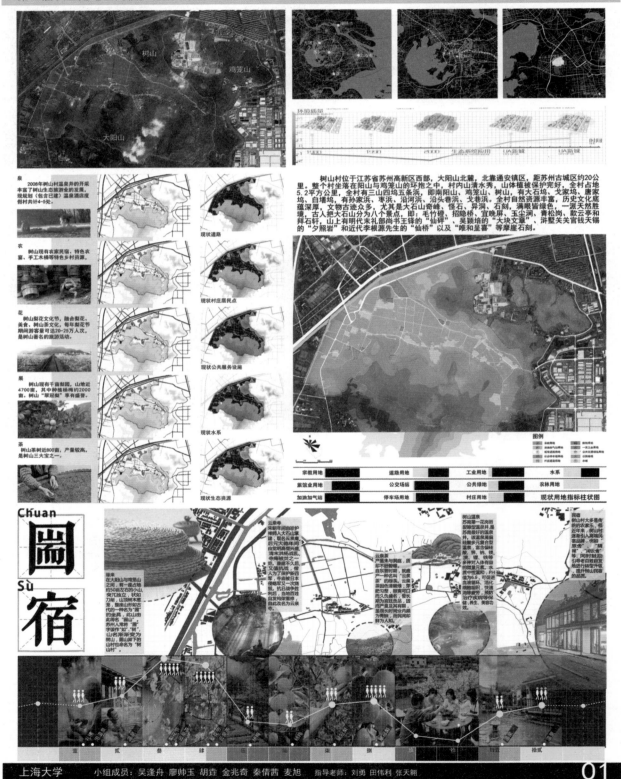

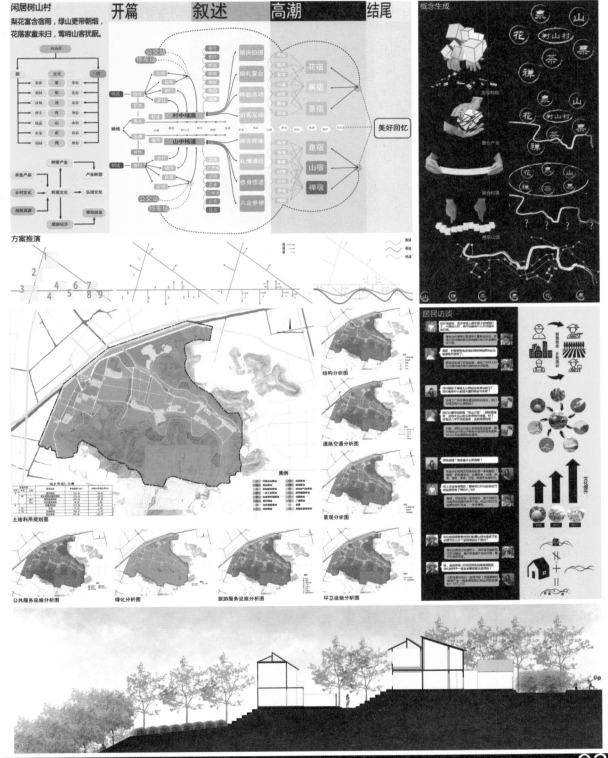

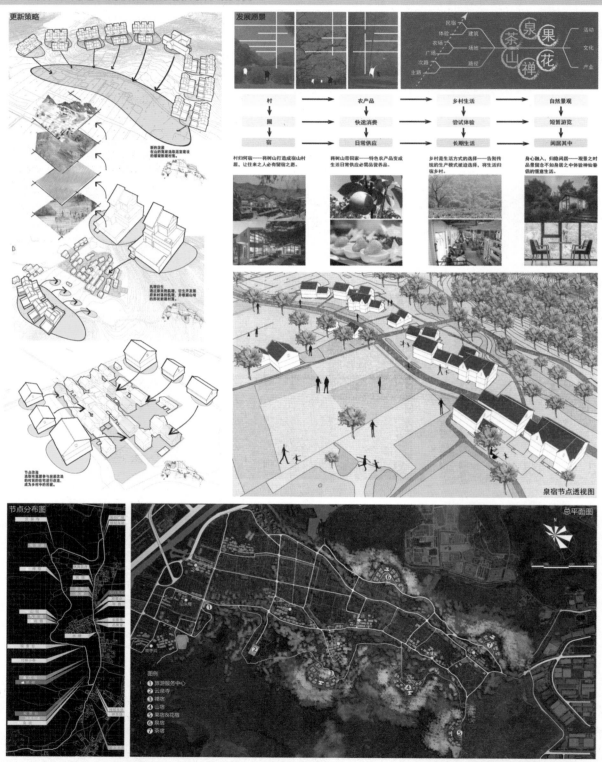

江苏省苏州市通安镇树山村村庄规划　　圖宿

第二届长三角地区高校乡村规划教学方案竞赛

更新策略

发展愿景

新的发展
在山的周围建造改造建设
的宜居型建筑群。

乱聚谷生
通过苏系新聚落，衍生并发展
原乡村落的气质，并根据山峰
的苏状建筑改建。

节点改造
选取有重要节点意义的建筑
的节点群的住宅进行改造。
成为乡村中的民宿。

村归阿宿——将树山打造成宿山村
居，让住来之人必有留宿之患。

将树山带回家——特色农产品变成
生活日常供应必需品营养品。

乡村是生活方式的选择——告别代
统的生产模式被迫选择，将生活归
宿乡村。

身心融入、归隐闲居——观景之时
品誉留念不如身范之中体验神仙眷
侣的惬意生活。

泉宿节点透视图

节点分布图

总平面图

图例
① 旅游服务中心
② 云泉寺
③ 禅宿
④ 山宿
⑤ 果宿&花宿
⑥ 泉宿
⑦ 茶宿

上海大学　小组成员：吴逢舟 廖帅玉 胡垚 金兆奇 秦倩茜 麦旭　　指导老师：刘勇 田伟利 张天翔　　**03**

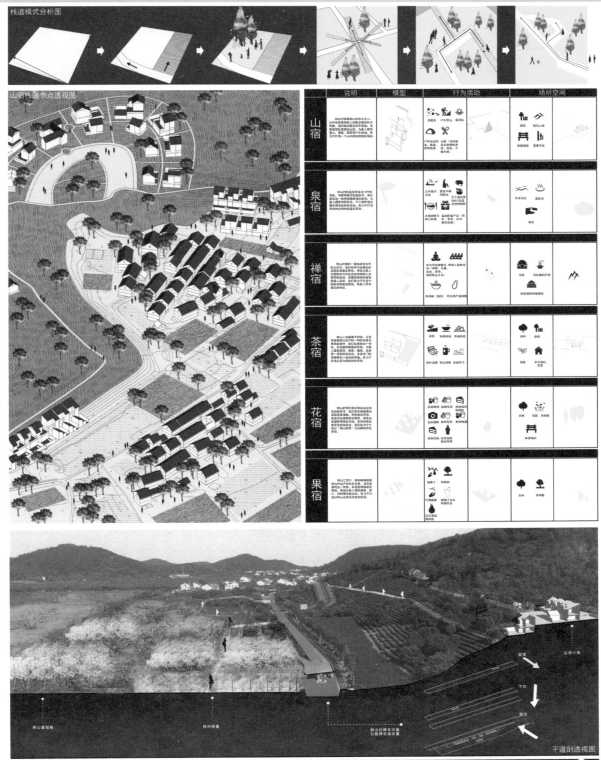

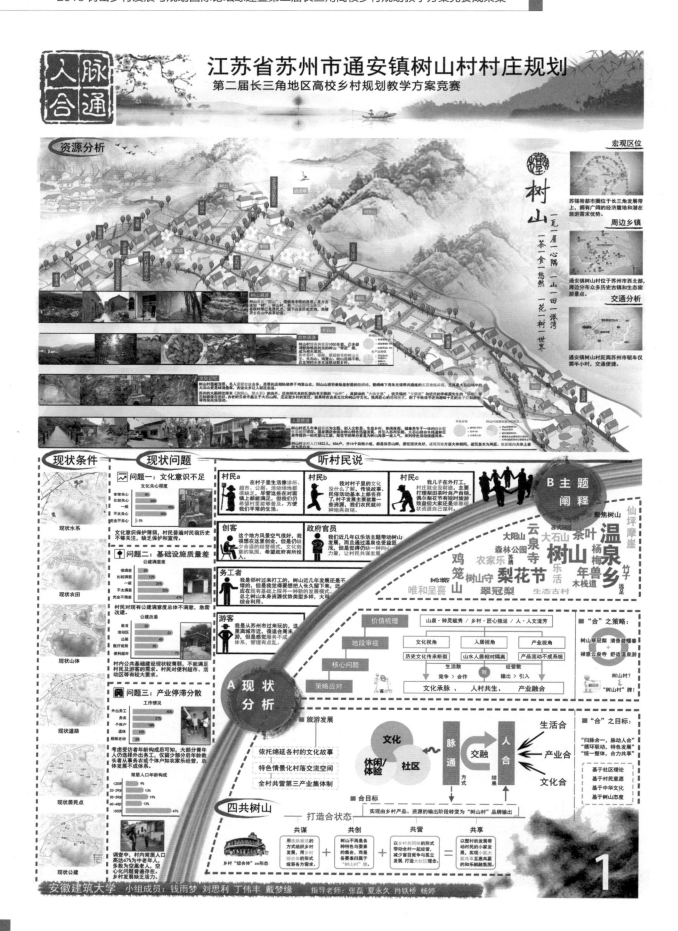

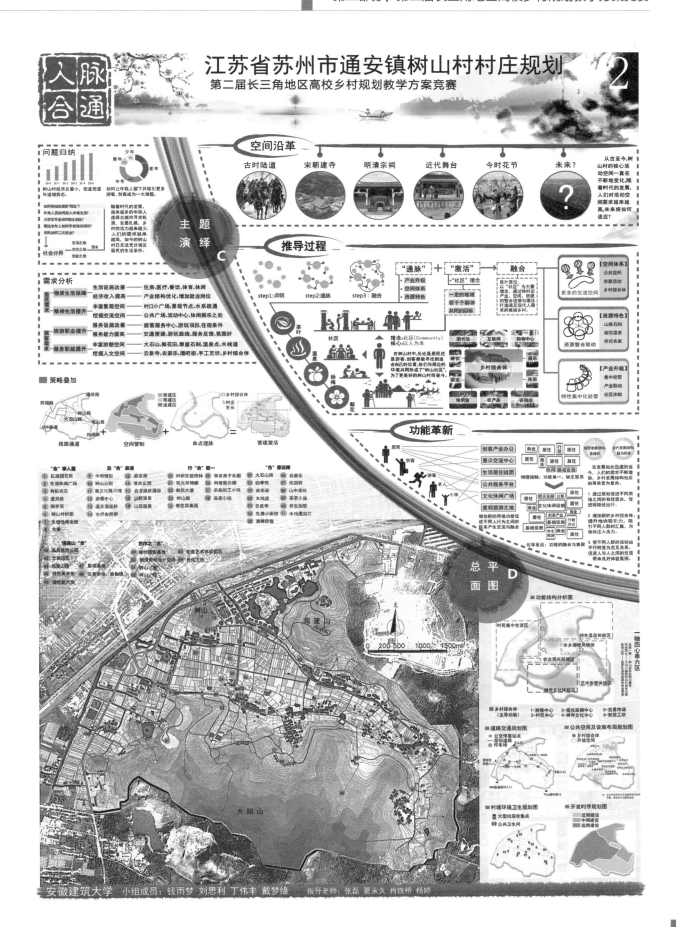

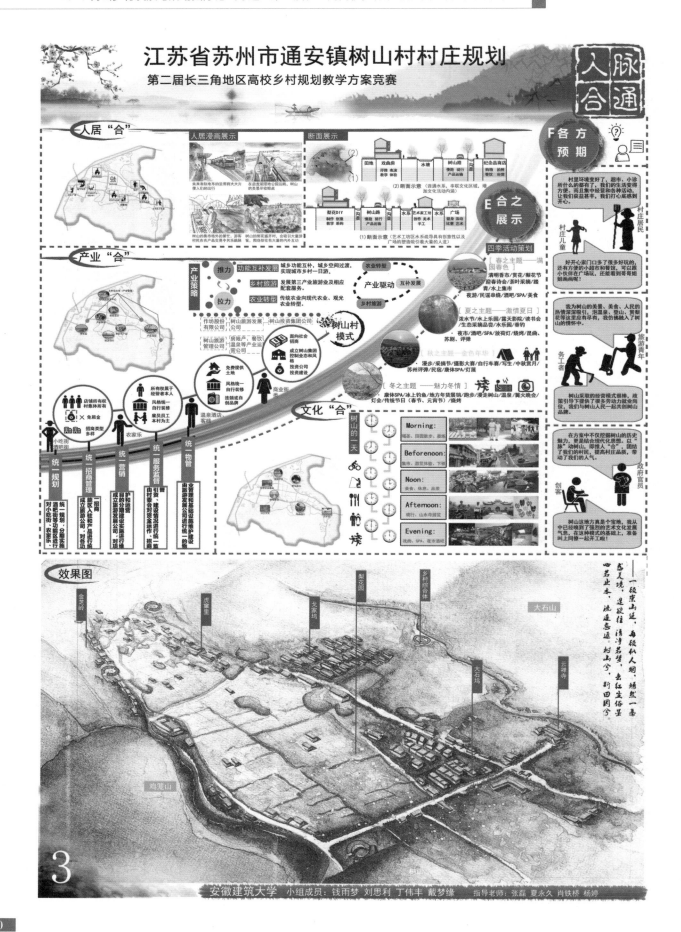

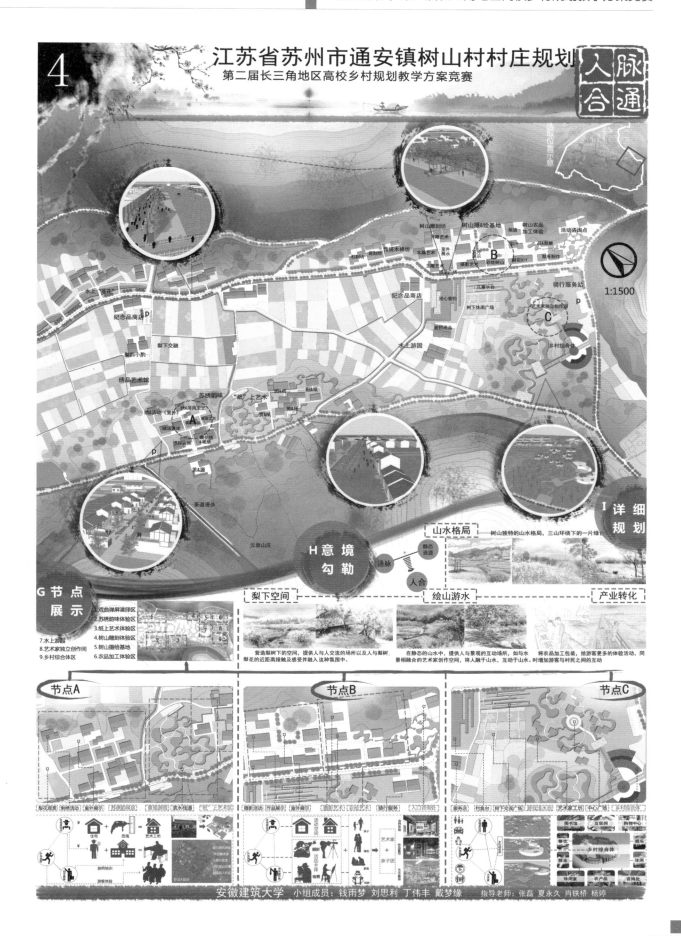

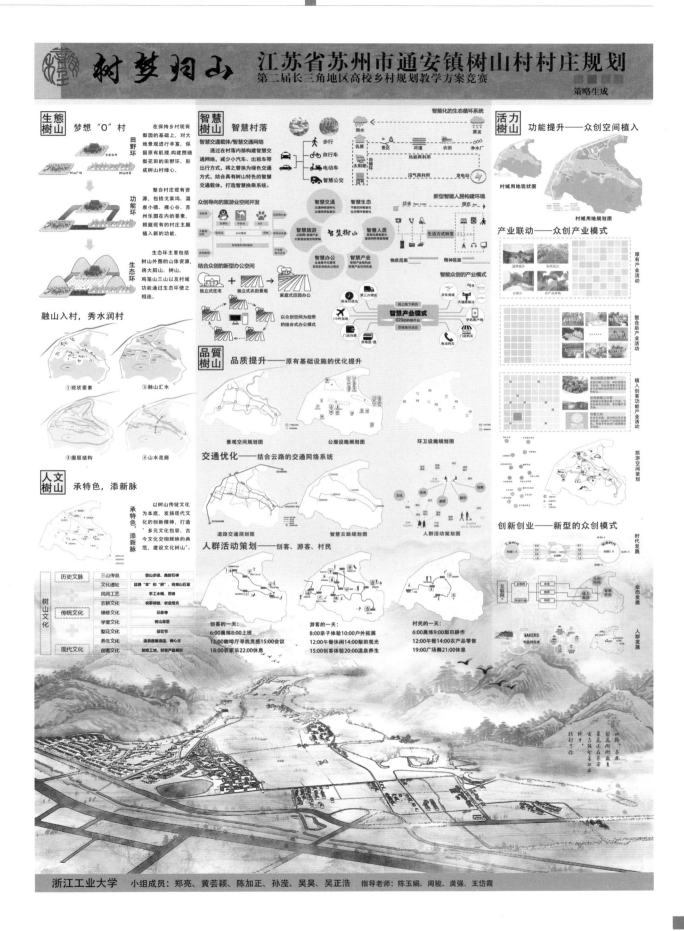

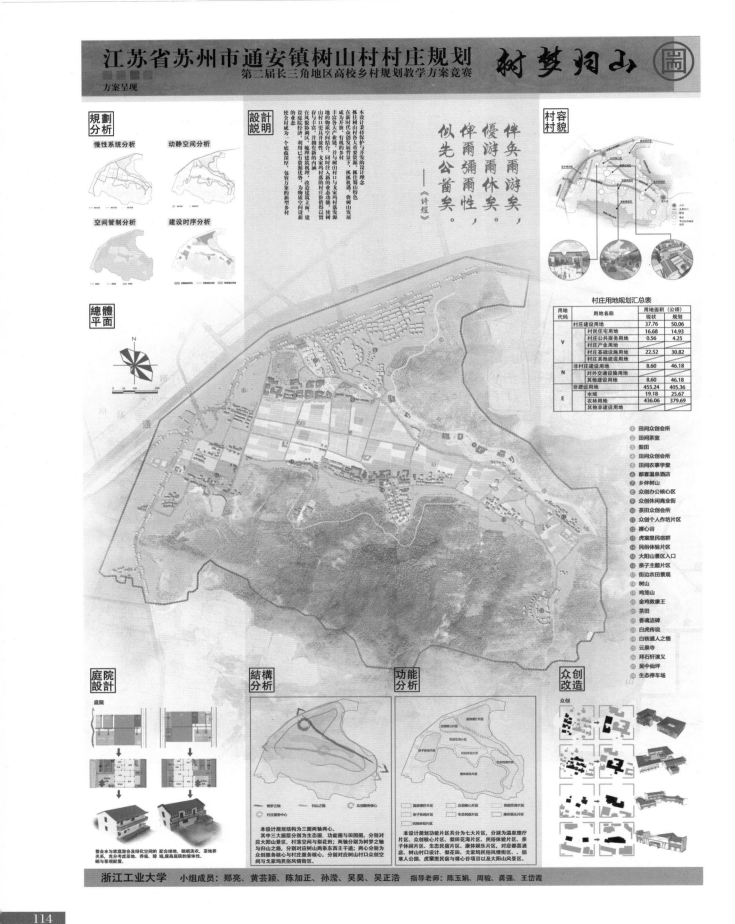

江苏省苏州市通安镇树山村村庄规划

第二届长三角地区高校乡村规划教学方案竞赛

树梦归山

方案呈现

規劃分析

慢性系统分析　　動静空间分析

空间管制分析　　建设时序分析

設計説明

村容村貌

伴奚雨游矣，
優游爾休矣。
俾爾彌爾性，
似先公酋矣。

——《诗经》

村庄用地规划汇总表

用地代码	用地名称		用地面积（公顷）	
			现状	规划
V	村庄建设用地		37.76	50.06
		村民住宅用地	16.68	14.93
		村庄公共服务用地	0.56	4.25
		村庄产业用地		
		村庄基础设施用地	22.52	30.82
		村庄其他建设用地		
N	非村庄建设用地		8.60	46.18
		对外交通设施用地		
		其他建设用地	8.60	46.18
E	非建设用地		455.24	405.36
		水域	19.18	25.67
		农林用地	436.06	379.69
		其他非建设用地		

總體平面

① 田间众创会所
② 田间茶室
③ 梨田
④ 田间众创会所
⑤ 田间农事学堂
⑥ 都喜嘉泉酒店
⑦ 乡伴树山
⑧ 众创办公核心区
⑨ 众创休闲商业街
⑩ 茶田众创会所
⑪ 众创个人作坊片区
⑫ 裸心谷
⑬ 虎窠里民宿群
⑭ 民俗体验片区
⑮ 大阳山景区入口
⑯ 亲子主题片区
⑰ 街边农田景观
⑱ 树山
⑲ 鸡笼山
⑳ 金鸡救康王
㉑ 茶田
㉒ 香魂洁碑
㉓ 白虎传说
㉔ 白铁道人之墓
㉕ 云泉寺
㉖ 拜石轩演义
㉗ 吴中仙坪
㉘ 生态停车场

庭院設計

庭院

整合水与家庭聚会与绿化空间的 配合绿植，细纱洗衣，菜地亲 关系，充分考虑采地、养地、珲、提高庭院的整体性。 略与景观配置。

結構分析

本设计规划结构为三圆两轴两心。 其中三大圆圈分别为为生态圈、功能圈与田园圈，分别对 应大阳山景区、村落空间与花田圈；两轴分别为树梦之轴 与归山之路，分别对应树山两条东西主干；两心分别为 众创服务核心与村落服务核心，分别对应树山村口众创空 间与戈家坞民俗风情区。

功能分析

本设计规划功能片区共分为七大片区，分别为温泉理疗 片区、众创核心片区、梨田花海片区、民俗体验片区、亲 子休闲片区、生态民宿片区、集体娱乐乐片区。对应都喜酒 店、树山村口设计、梨花园、戈家坞民俗风情街区、、稻 草人公园、虎窠里民宿与裸心谷项目以及大阳山风景区。

众创改造

众创

浙江工业大学 　小组成员：郑亮、黄芸颖、陈加正、孙滢、吴昊、吴正浩　指导老师：陈玉娟、周骏、龚强、王岱霞

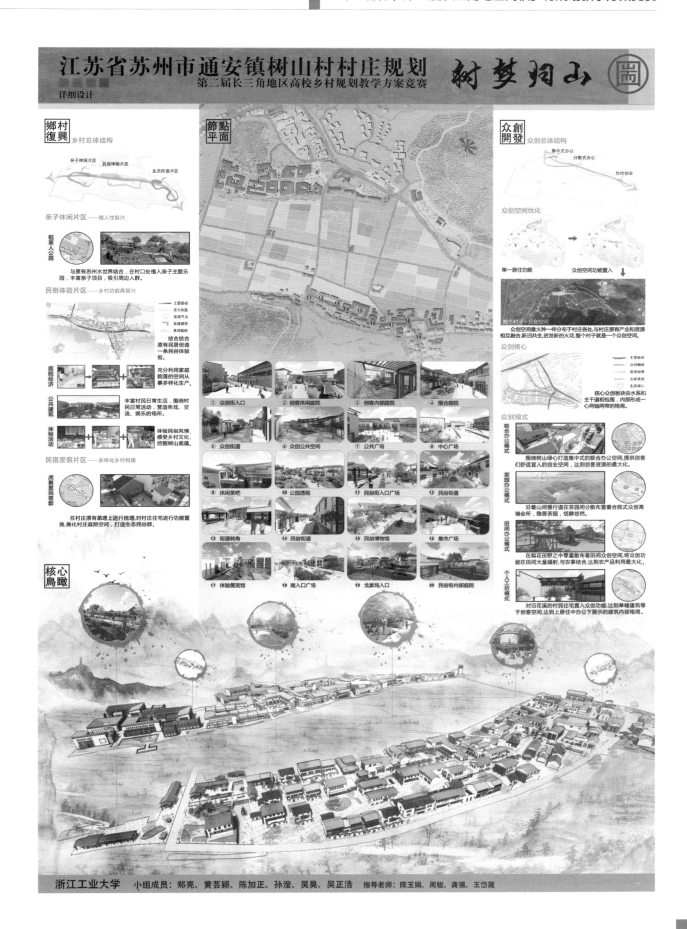

江苏省苏州市通安镇树山村村庄规划
第二届长三角地区高校乡村规划教学方案竞赛

树梦归山

详细设计

乡村复兴 乡村总体结构

亲子休闲片区
民俗体验片区
生态民宿片区

亲子休闲片区——植入性复兴
稻草人公园

与原有苏州水世界结合，在村口处植入亲子主题乐园，丰富亲子项目，吸引周边人群。

民俗体验片区——乡村功能再复兴

结合结合原有民居创造一条民俗体验街。

庭院经济
充分利用家庭院日的空间从事多样化生产。

公共建筑
丰富村民日常生活，围绕村民日常活动，营造听戏、交流、娱乐的场所。

体验活动
体验民俗风情，感受乡村文化，挖掘树山底蕴。

民宿度假片区——多样化乡村构建
虎巢里民宿群

在村庄原有肌理上进行梳理，对村庄住宅进行功能置换，美化村庄庭院空间，打造生态民宿群。

核心鸟瞰

节点平面

① 众创街入口
② 创客休闲庭院
③ 创客内部庭院
④ 围合庭院
⑤ 众创街道
⑥ 众创公共空间
⑦ 公共广场
⑧ 中心广场
⑨ 休闲茶吧
⑩ 公园透视
⑪ 民俗街入口广场
⑫ 民俗街道
⑬ 街道转角
⑭ 民俗街道
⑮ 民俗博物馆
⑯ 集市广场
⑰ 体验展览馆
⑱ 南入口广场
⑲ 戈家坞入口
⑳ 民俗街内部庭院

众创开发 众创总体结构

集中式办公
分散式办公
作坊创业

众创空间优化
单一居住功能 → 众创空间功能置入

众创空间像火种一样分布于村庄各处，与村庄原有产业和资源相互融合，新旧共生，迸发新的火花，整个村子就是一个众创空间。

众创核心
核心众创板块由水系和主干道相互包裹，内部形成一心两轴带的格局。

众创模式

联合办公模式
围绕树山绿心打造集中式的联合办公空间，提供创客们舒适宜人的创业空间，达到创客资源的最大化。

茶园办公模式
沿着山间慢行道在茶园间分散布置着合院式众创高端会所，隐居茶园，恬静悠然。

田间办公模式
在梨花田野之中零星散布着田间众创空间，将众创功能在田间大量辐射，与农事结合，达到农产品利用最大化。

个人工坊模式
对沿花溪的村民住宅置入众创功能，达到单幢建筑等于创客空间，达到上居住中办公下展示的建筑内部格局。

浙江工业大学　小组成员：郑亮、黄芸颖、陈加正、孙滢、吴昊、吴正浩　指导老师：陈玉娟、周骏、龚强、王岱霞

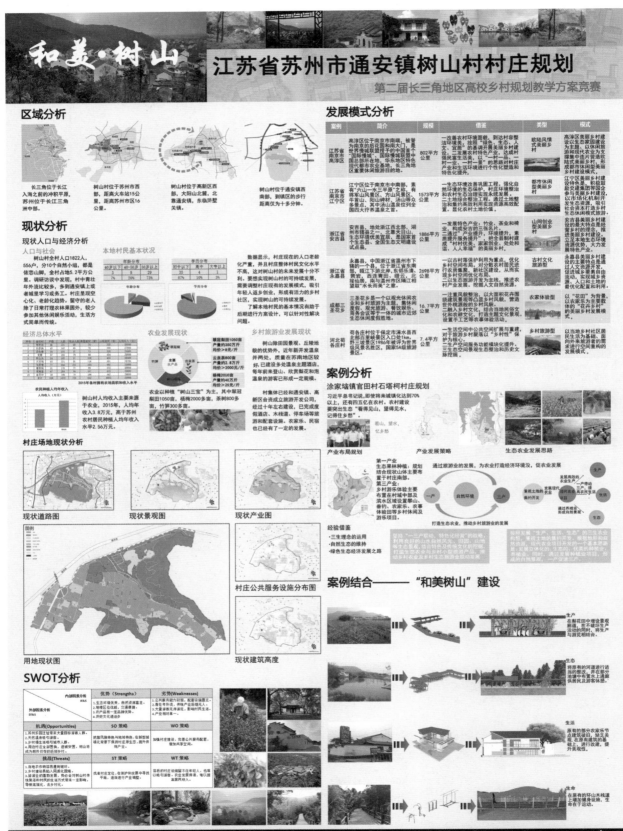

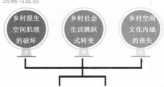

和美·树山

江苏省苏州市通安镇树山村村庄规划

第二届长三角地区高校乡村规划教学方案竞赛

理念生成与阐释

回顾与反思

乡村原生空间肌理的破坏 | 乡村社会生活跳跃式转变 | 乡村空间文化内涵的丧失

多生空间的解构升级 乡土特征（乡村传统性）的丧失

传统性与现代性并重视角的提出与研究

随着"十一五"期间乡村规划建设的结束和对当前乡村规划建设实践反思的推进，江南地域乡村规划建设凸显出了新的发展趋势。"十二五"期间，美丽乡村建设行动计划的制定、历史文化村落保护利用意见的出台，传统村落全面调查的展开，标志着乡村规划建设的风向标志发生了改变，村落的传统性与历史性得到重视。所以，选取通过"传统性"和"现代性"并重的视角来认识、理解和剖析树山村规划的特征与实现路径。

新视角下江南地域乡村规划建设目标架构

新视角下乡村目标特征实现路径与策略

整体空间格局——有机聚散

乡村聚落作为一个有机生命体，看似无序的空间形态下，隐藏的是内在秩序的有机。有机离散空间格局强调的是空间形态与乡村内涵逻辑之间的关联性。即乡村空间形态的建设不是脱离村庄实际的简单几何布置，而是一种综合考虑了自然、社会、文化等多要素的综合建设方法。建成后的空间格局中，各部分元素并仅仅只是几何形态上的简单关联，还有观念上、文化上等等更深层次的联系。

多生空间的解构升级——点、线、面的结合

乡村"有机聚散"空间格局的搭建，是一个由"点"及"线"，由"线"扩"面"，以"线"编织"面"进而构建成有机系统的过程。

发展定位

形象定位

生态水乡 / 梨花山村 / 休闲乡愁

形成生态空间、生活空间、生产空间、生意空间等多生空间于一体的新视角下江南地域乡村规划，形成以乡村生态休闲旅游为方向的苏州新农村建设示范村。

功能定位

生态绿核 | 乡土生活 | 农业生产 | 休闲游憩

发展策略

生态网络空间总体格局提升策略——建设"生态环"

现状空间肌理 / 现状生态路径

·结合基地内生态过程完整的山脉绿廊以及河流、池塘等，划出不可建设区域，确定乡村建设空间的拓展边界。

·在"两横一纵"的原有生态网络空间上进行补全生态路径，从而形成完整的生态环线。

生态网络空间格局规划

水系统规划——水系网络化

道路雨水收集边沟 / 河道及灌溉渠 / 蓄洪池塘

水系联系和水污染现状图
水系网络化规划图

水专项规划——花溪重点规划

现状河道模式图 / 设计后河道模式图 / 河道效果图

修建沿花溪的树山路防护林带对河道进行整治，置入慢行系统，提升河道的亲水性。

生活空间发展策略——"生活空间格局"骨架搭建

村民生活节点建筑配置表

内容	设置条件	建设位置
1.村（道）委会	村委会采在地可附设其他设施	戈家坞
2.文化活动室	可结合公共服务中心设置	戈家坞
3.老年活动室	可结合公共服务中心设置	戈家坞
4.卫生所、计生站	单独设置，也可附设其他建筑	虎窠里
5.锻身场地	可与绿地广场组结合设置	沿各巷、大石坞
6.旅游服务	单独布置，方便旅游需求	树山头
7.村民广场	与绿地景观布置结合	戈家坞、大石坞
8.特色集市	方便村民和游客，通达性强	大石坞

现状重要场所节点

建构流程：
·首先，通过对基地现状重要生活节点、场所等元素进行梳理，以问卷的形式调查村民对这些节点和场所的评价，结合村民日常行为轨迹的跟踪调查，运用评价模型对这些重要的节点、场所及生活路径进行价值评估
·最终，确定保留的节点和更改的节点，结合村民的日常行为路径，搭建出"生活空间格局"骨架。

生活空间演绎与重塑

生产空间改造策略——基于资源重组的参与型观光农场建设

强化古梣梅林景观廊道 / 完善村庄农林建设

建立农田林网可参与空间 / 完善水网两岸植物群落

生产空间改造

建构目标：
·保护现有梨花田、农田及茶田等生产空间，优化生产系统。
·增强各生产空间的开放性，使游客能够更好地进行农业体验。
·生产系统优化最终提供居民高品质的生产环境和提供给游客高品质的生产体验服务。

生意空间转型策略——产业发展创意化条件下的农旅集合发展

创意乡村 / 创意民俗 / 文化习俗 / 乡间漫步 / 创意景观 / 农业田园

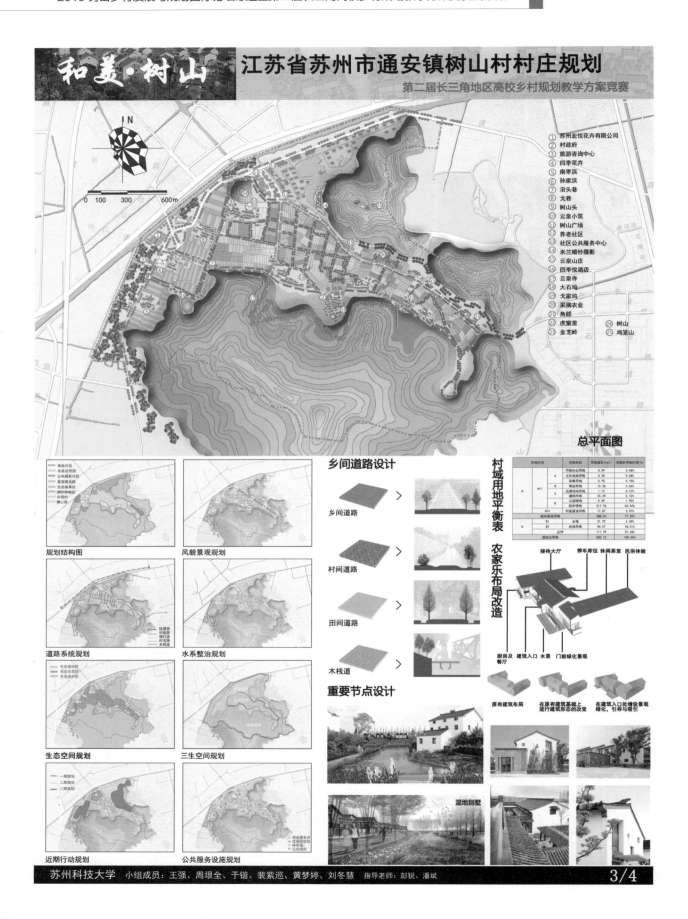

和美·树山

江苏省苏州市通安镇树山村村庄规划

第二届长三角地区高校乡村规划教学方案竞赛

总平面图

乡间道路设计

重要节点设计

村域用地平衡表

农家乐布局改造

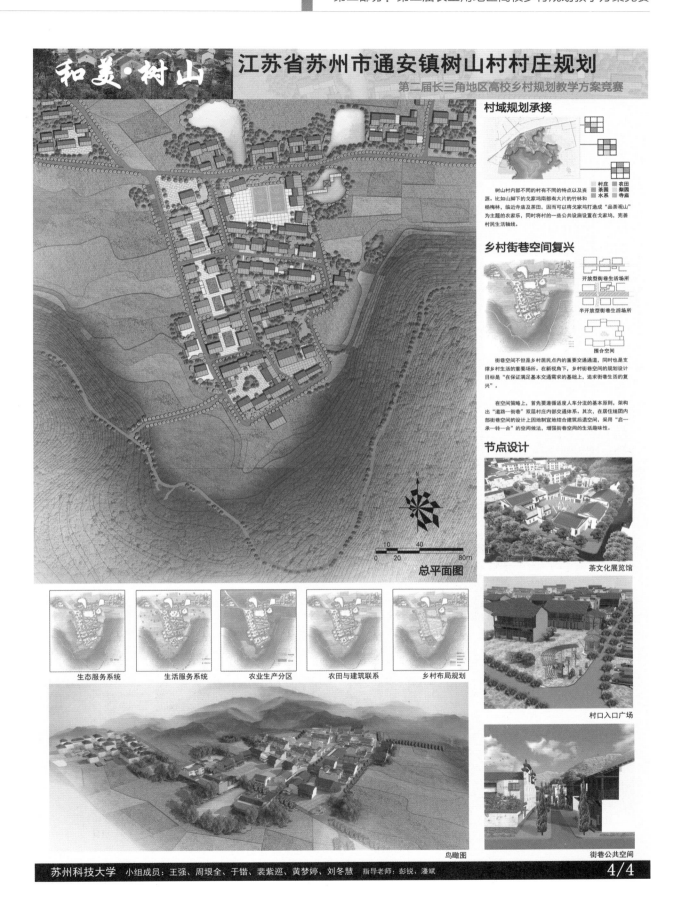

和美·树山

江苏省苏州市通安镇树山村村庄规划

第二届长三角地区高校乡村规划教学方案竞赛

村域规划承接

树山村内部不同的村有不同的特点以及资源。比如山脚下的戈家坞南都有大片的竹林和杨梅林，临近寺庙及茶田，因而可以将戈家坞打造成"品茶观山"为主题的农家乐，同时将村的一些公共设施设置在戈家坞，完善村民生活轴线。

乡村街巷空间复兴

开放型街巷生活场所

半开放型街巷生活场所

围合空间

街巷空间不但是乡村居民点内的重要交通通道，同时也是支撑乡村生活的重要场所。在新视角下，乡村街巷空间的规划设计目标是"在保证满足基本交通需求的基础上，追求街巷生活的复兴"。

在空间策略上，首先要遵循适度人车分流的基本原则，架构出"道路—街巷"双层村庄内部交通体系。其次，在居住组团内部街巷空间的设计上因地制宜结合建筑后退空间，采用"启—承—转—合"的空间做法，增强街巷空间的生活趣味性。

节点设计

茶文化展览馆

村口入口广场

街巷公共空间

总平面图

生态服务系统　生活服务系统　农业生产分区　农田与建筑联系　乡村布局规划

鸟瞰图

苏州科技大学　小组成员：王强、周垠全、于锴、裴紫巡、黄梦婷、刘冬慧　指导老师：彭锐、潘斌

4/4

交流作品

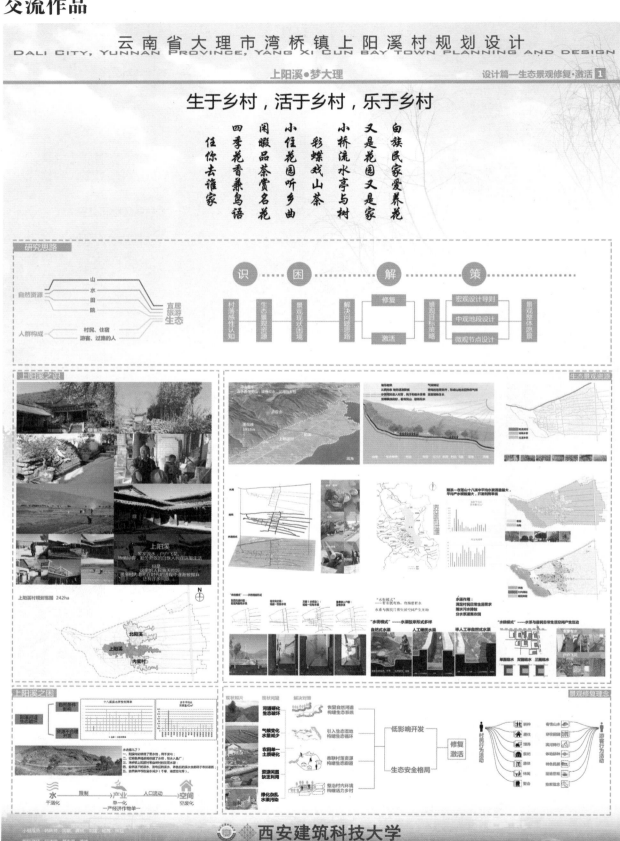

云南省大理市湾桥镇上阳溪村规划设计
DALI CITY, YUNNAN PROVINCE, YANG XI CUN BAY TOWN PLANNING AND DESIGN

上阳溪·梦大理　　　　　　　　　　　　　设计篇—生态景观修复·激活 2

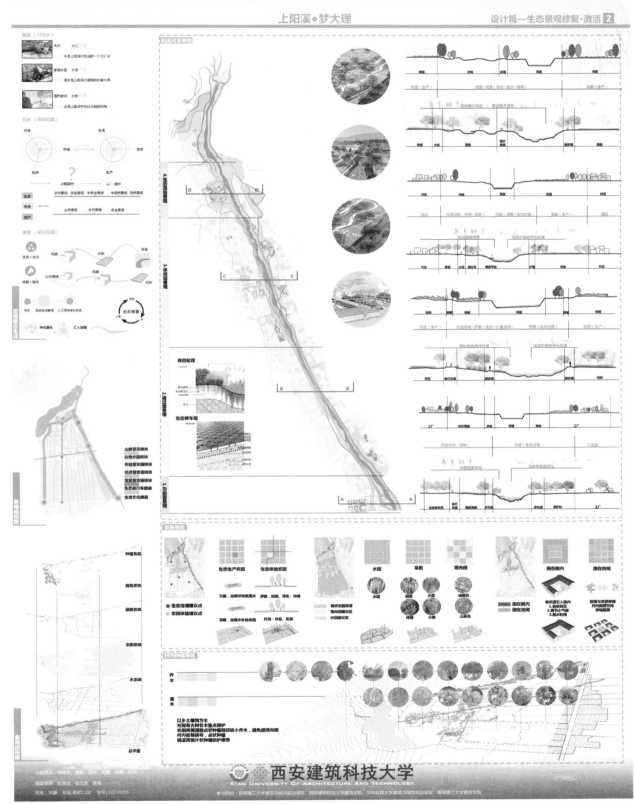

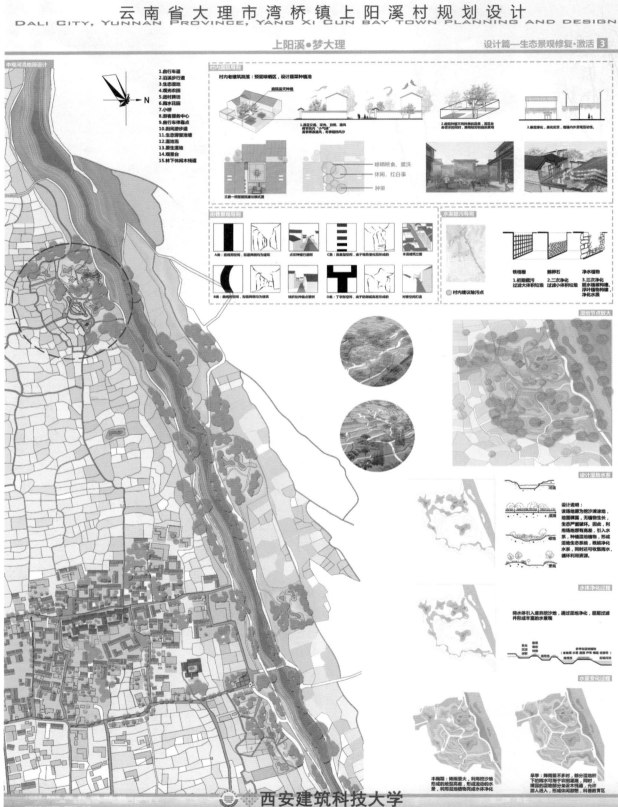

云南省大理市湾桥镇上阳溪村规划设计
DALI CITY, YUNNAN PROVINCE, YANG XI CUN BAY TOWN PLANNING AND DESIGN

上阳溪·梦大理

设计篇—生态景观修复·激活 4

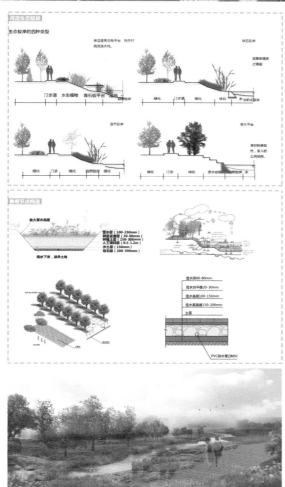

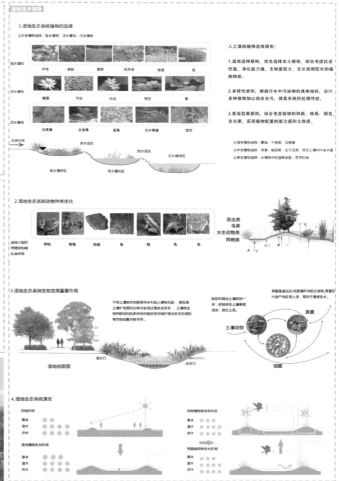

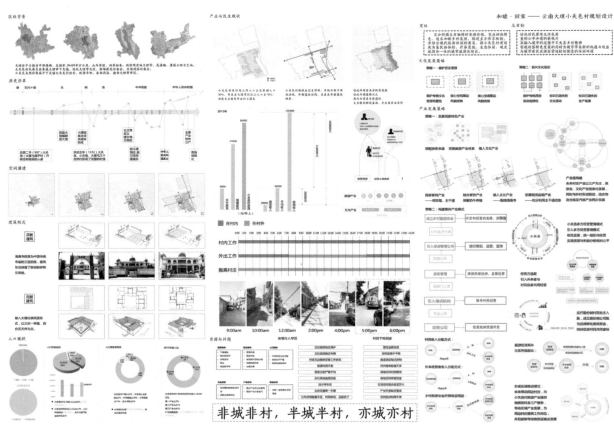

非城非村，半城半村，亦城亦村

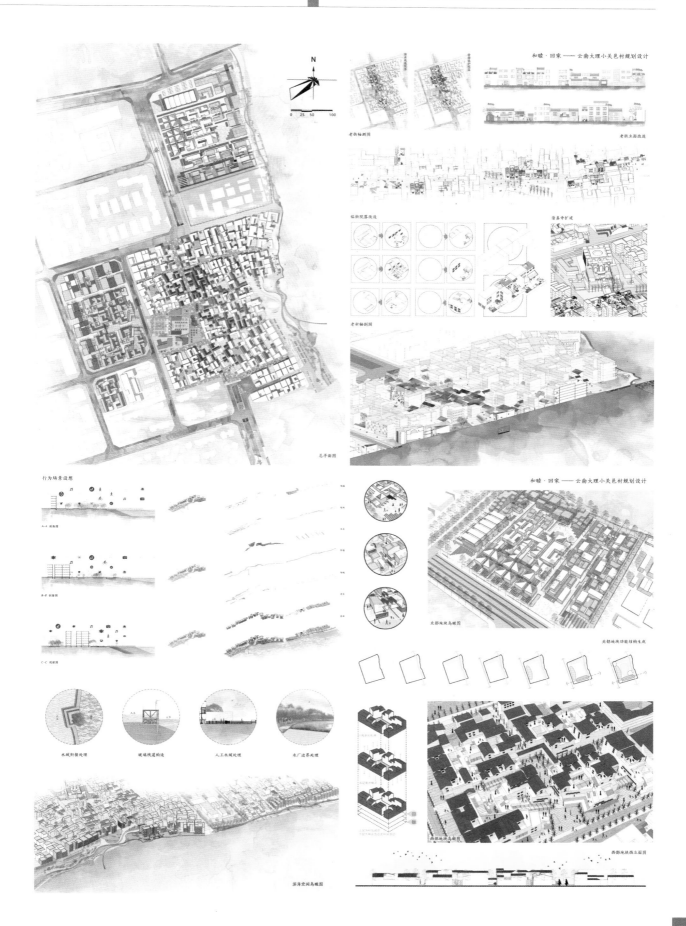

云南省大理市湾桥镇上阳溪村规划设计
DALI CITY, YUNNAN PROVINCE, YANG XI CUN BAY TOWN PLANNING AND DESIGN

上阳溪●梦大理

更新●重生
设计篇___闲置空间利用 01

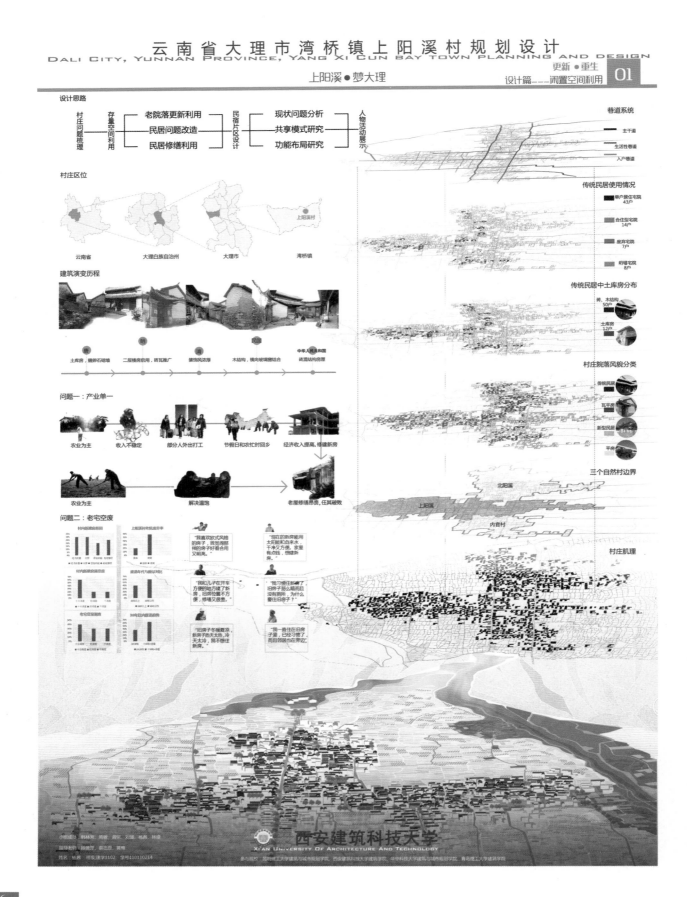

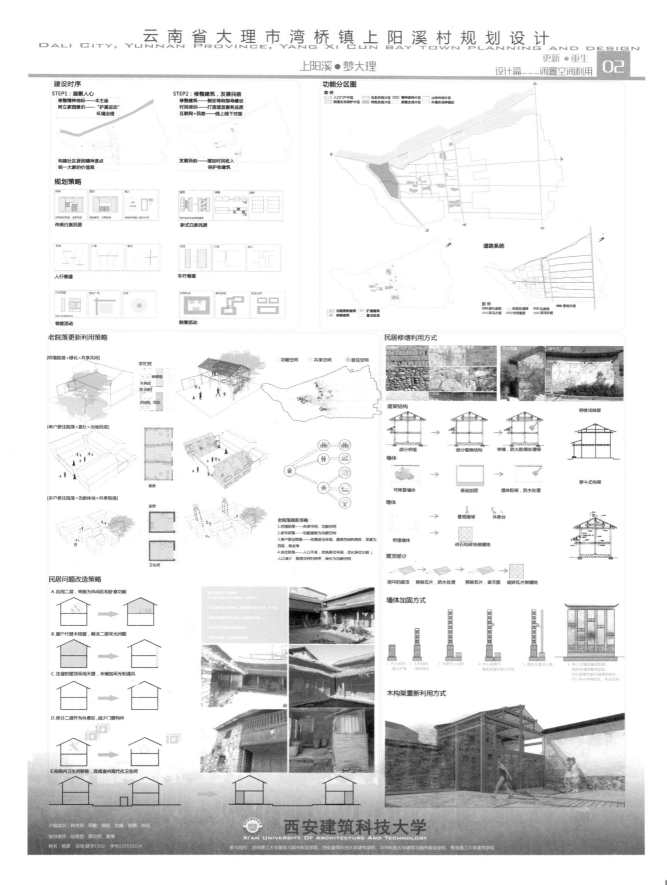

云南省大理市湾桥镇上阳溪村规划设计
DALI CITY, YUNNAN PROVINCE, YANG XI CUN BAY TOWN PLANNING AND DESIGN

上阳溪●梦大理

更新●重生
设计篇———闲置空间利用 **03**

小组成员：韩林男、冯敏、庞柏、刘曦、祖潇、林兹

指导老师：段德罡、蔡忠原、黄梅

姓名：杨琦　班级:建学1102　学号110110214

西安建筑科技大学
XI'AN UNIVERSITY OF ARCHITECTURE AND TECHNOLOGY

参与高校：昆明理工大学建筑与城市规划学院、西安建筑科技大学建筑学院、华中科技大学建筑与城市规划学院、青岛理工大学建筑学院

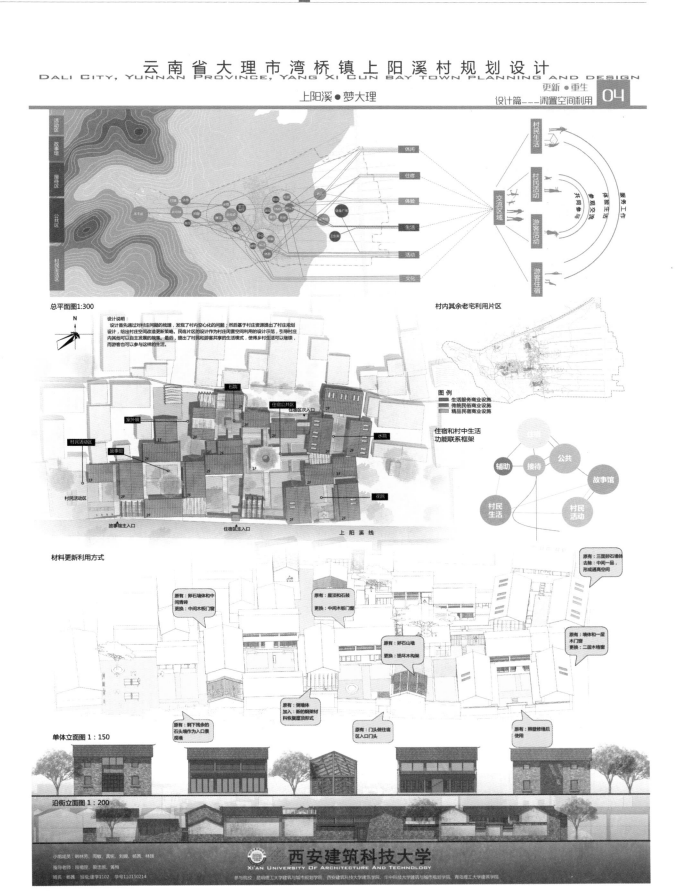

云 南 省 大 理 市 湾 桥 镇 上 阳 溪 村 规 划 设 计
DALI CITY, YUNNAN PROVINCE, YANG XI CUN BAY TOWN PLANNING AND DESIGN

上阳溪●梦大理

更新●重生
设计篇___闲置空间利用 05

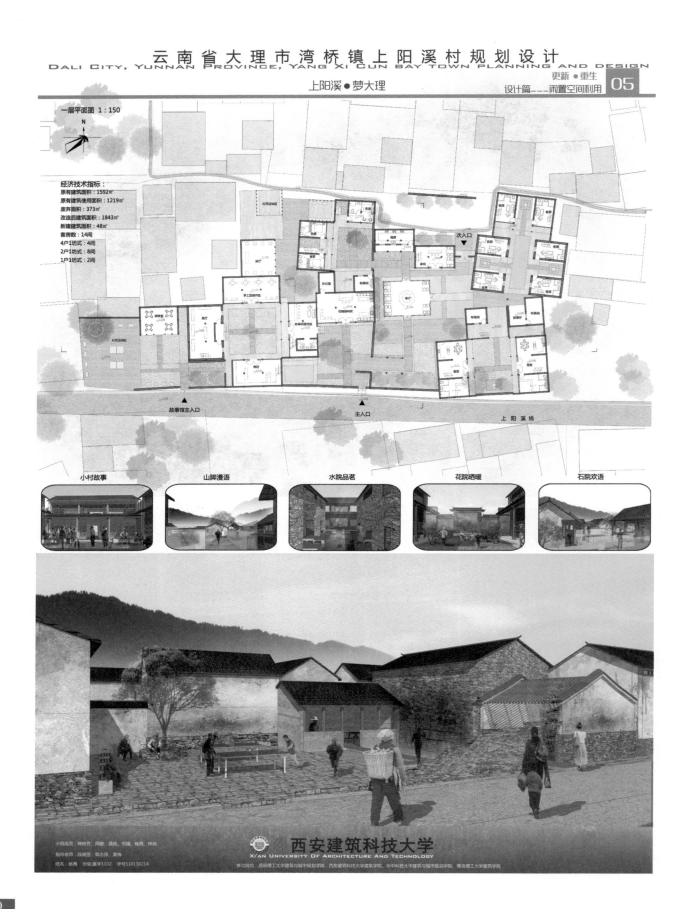

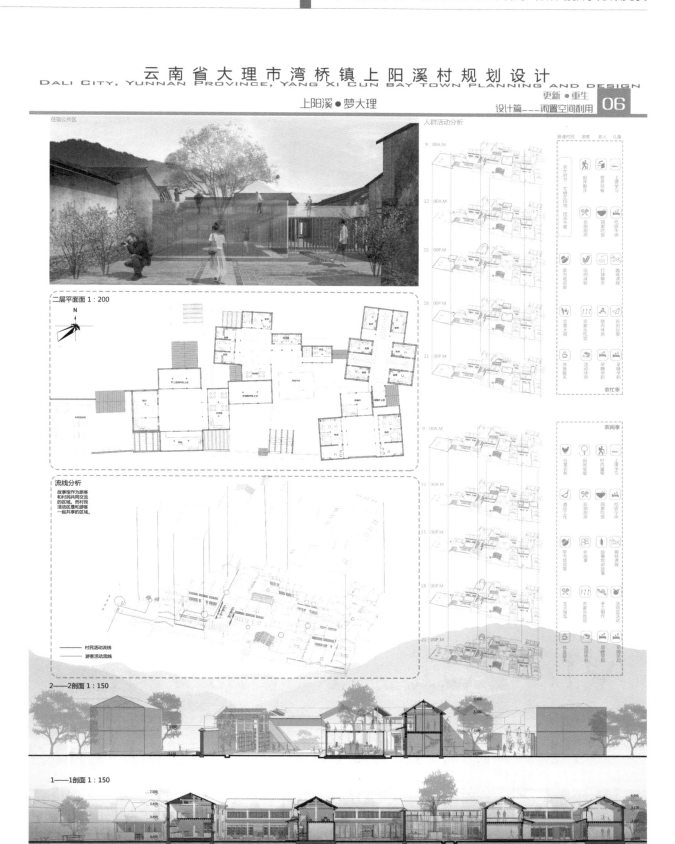

云南省大理市湾桥镇上阳溪村规划设计
DALI CITY, YUNNAN PROVINCE, YANG XI CUN BAY TOWN PLANNING AND DESIGN

上阳溪●梦大理

更新●重生　　07
设计篇———闲置空间利用

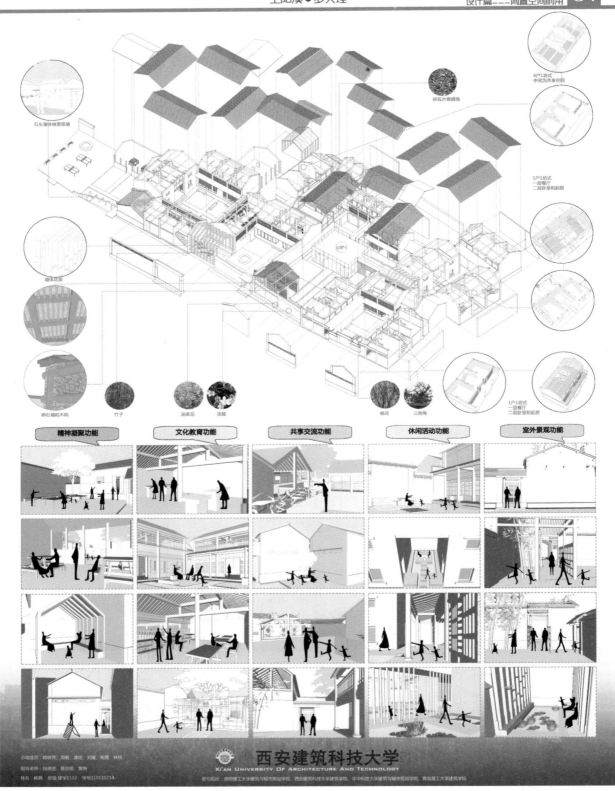

后记

· · · · ·

从 1980 年代以来，立足苏南小城镇发展与乡村建设，小城镇与乡村规划一直是苏州科技大学城乡规划学科的传统优势方向。近年来省级教学团队"小城镇与乡村规划设计"更是积极推进了多种方式的教学探索实践，结合当前小城镇、乡村发展面临的实际问题进行了多样化选题，体现了教学的地域及学科特色。目前在小城镇总体规划、乡村规划设计、毕业设计的课程教学中以乡村规划为主题进行了多方面的探索，如首创了海峡两岸"乡村复兴"城乡规划专业联合毕业设计。

2016 年，在同济大学主办首届"长三角高校美丽乡村创建规划竞赛"的基础上，苏州科技大学主办了第二届长三角地区高校乡村规划教学方案竞赛——苏州市通安镇树山村村庄规划，并结合该项竞赛，加强与国内高校的乡村规划教学交流，强化了本校城乡规划专业的乡村规划设计课程建设。

正值全国乡村发展与规划热潮，位于苏州市高新区通安镇的树山村正在创建五星级乡村旅游区，并邀请苏州科技大学城乡规划团队参与该项工作。在 2016 年 6 月 3 日苏州科技大学主办的乡村发展与规划国际论坛举行期间，"乡村规划建设研究与人才培养协同创新中心"同步举办了乡村规划教育圆桌会议，来自于全国 14 所高校的城乡规划专业老师重点讨论了第二届高校城乡规划专业乡村规划竞赛及联合教学，出席会议的同济大学、南京大学、浙江大学、东南大学、上海大学、苏州大学、安徽建筑大学、浙江工业大学、苏州科技大学共 9 所长三角地区高校的城乡规划专业老师分别代表所在高校围绕筹备情况进行了发言。2016 年 8 月底开始，第二届长三角地区高校乡村规划教学方案竞赛活动正式拉开帷幕，由各高校教师带队，以城乡规划专业本科生为主体组建的 12 支队伍，在苏州科技大学和通安镇人民政府的热情接待下，对树山村进行了现场调研，并且从各自的角度提出了建议方案。竞赛还特邀西安建筑科技大学参与，提交了 3 份参与交流的乡村规划设计成果。

如今，竞赛虽然结束，树山村的规划建设还在继续，在江苏省特色田园乡村创建的大背景下，如火如荼地推进中。竞赛成果在树山村"乡村规划建设研究与人才培养协同创新中心"展出，为该村特色田园乡村创建提供了思路与借鉴。

在江苏省高等学校优势学科建设工程和江苏省高等学校品牌专业建设工程的资助下，作为江苏高校"青蓝工程"优秀教学团队——"小城镇与乡村规划设计"的教学成果，我们将 2016 年树山乡村发展与规划国际论坛综述、竞赛方案、树山村特色田园乡村创建工作汇集于本书，以此祝愿树山村的特色田园乡村创建工作取得圆满的成绩，同时也祝愿中国的乡村规划专业发展不断取得新成绩，中国的乡村规划专业技术人才辈出，中国的乡村发展更加繁荣。

潘斌 执笔

2017 年 11 月 21 日